CATALOGUS FOSSILIUM AUSTRIAE

Ein systematisches Verzeichnis aller auf österreichischem Gebiet
festgestellten Fossilien

In Einzeldarstellungen herausgegeben
von der
Österreichischen Akademie der Wissenschaften
unter Mitarbeit von Fachpaläontologen

Schriftleitung:
w. M. o. Prof. Dr. Dr. h. c. **Othmar Kühn**

Heft V d:
Graptolithina
von
W. Gräf, Graz

Springer-Verlag Wien GmbH 1966

ISBN 978-3-211-86342-8   ISBN 978-3-7091-2277-8 (eBook)
DOI 10.1007/978-3-7091-2277-8

Graptolithina

Von W. GRÄF

(vorgelegt in der Sitzung am 25. Juni 1965)

Vorwort

Die Taxionomie vorliegenden Heftes beruht im wesentlichen auf der im Treatise on Invertebrate Paleontology, Part V, gegebenen Systematik, folgt jedoch in einzelnen Belangen — besonders was die Aufgliederung der Gattung *Monograptus* GEINITZ 1852 anlangt — den davon abweichenden Anschauungen A. PŘIBYLS.

In den Synonymie-Listen sind außer dem Originalzitat sämtliche Literaturstellen angeführt, die sich auf österreichische Fundorte beziehen, auch dann, wenn es sich um bloße Erwähnungen oder Faunenlisten handelt. Soweit die Angaben lediglich Wiederholungen älterer Funde darstellen, ist dies eigens vermerkt. Ausgenommen hiervon sind die Zitate aus der Arbeit F. HERITSCH 1943; hier sind der Einfachheit halber nur die erstmaligen Angaben gesondert hervorgehoben, während Zitate bereits bekannter Funde kommentarlos angeführt sind.

In die Verbreitungshinweise sind nur die österreichischen Fundpunkte aufgenommen. Im Falle der Karnischen Alpen sind die grenznahen italienischen Vorkommen in Klammer angeführt; diejenigen Arten, die nur aus dem italienischen Teil der Karnischen Alpen bekanntgeworden sind, blieben dagegen unberücksichtigt.

Die Angaben über die Aufbewahrung der in italienischen Arbeiten beschriebenen Graptolithen des österreichischen Teiles der Karnischen Alpen sind den entsprechenden Hinweisen GORTANIS entnommen. Der überwiegende Teil der übrigen Faunen befindet sich in der Sammlung des Institutes für Geologie und Paläontologie, Universität Graz. Soweit es sich dabei um Material der Karnischen Alpen handelt, konnte sich der Autor auf eine unpublizierte Revision H. FLÜGELS stützen. Für die liebenswürdige Überlassung dieses Manuskriptes darf ich Herrn Prof. Dr. H. FLÜGEL, Lehrkanzel f. Paläontologie & Hist. Geologie der Universität Graz, ergebenst danken.

1*

Mein Dank gilt ferner den Herren Prof. Dr. B. Bouček (Prag), Prof. Dr. W. Plessmann (Göttingen), Dr. J. Remane (Göttingen), Prof. Dr. R. Sieber (Wien) und cand. geol. H. Uffenorde (Göttingen) für liebenswürdige Auskünfte bezüglich des Aufbewahrungsortes einiger Materialien bzw. für Hilfe bei der Literaturbeschaffung.

Da die Graptolithenfaunen — soweit sie nicht aus den Karnischen Alpen stammen — mit geringen Ausnahmen äußerst schlecht erhalten sind und eine exakte Bestimmung nicht erlauben, wurde auf eine Neubearbeitung verzichtet. Soferne es sich jedoch bei einzelnen publizierten Funden nicht um Graptolithen handelt, ist dies in eigenen Bemerkungen angeführt.

Das Literaturverzeichnis enthält nur jene Publikationen, die beschreibend, referierend oder revidierend auf österreichische Materialien bezug nehmen oder von Wichtigkeit für Fragen der Systematik sind.

Kurze Charakteristik der österreichischen Graptolithenvorkommen

I. Karnische Alpen

(Bezüglich der einzelnen Fundpunkte sei auf die Zusammenstellungen von F. Heritsch 1936a und 1943 verwiesen; spätere Funde siehe H. Flügel 1953b und F. Kahler & S. Prey 1963.)

Die zahlreichen Fundpunkte lieferten meist gut erhaltene und reiche Faunen. Lediglich die von der Eggeralmstraße und von Pessendellach (F. Heritsch 1936a) beschriebenen und artlich bestimmten Formen erlauben auf Grund ihrer wesentlich schlechteren Erhaltung nach Ansicht des Autors keine nähere Bestimmung. Ob es sich bei den aus der Garnitzenklamm bei Hermagor beschriebenen „Spuren von *Holograptus*" (F. Heritsch 1936a) tatsächlich um Graptolithenreste handelt, ist unsicher (siehe F. Kahler & S. Prey 1963: 13); leider konnte das Material nicht aufgefunden werden (ev. nur Feldbefund).

II. Grauwackenzone

Der Erhaltungszustand der aus dem Raum der Grauwackenzone beschriebenen Graptolithen ist durchwegs schlecht und darin mit dem Material der Karnischen Alpen nicht zu vergleichen. Eine verantwortliche artmäßige Bestimmung ist z. T. kaum aufrecht zu erhalten, vielfach handelt es sich auch nur um „Graptolithenhäcksel", z. T. um Spuren anorganischer Natur.

Das Gesagte gilt insbesonders für folgende Fundpunkte:
Lachtalgraben bei Fieberbrunn (G. Aigner 1931)
Entachenalm bei Saalfelden (O. Friedrich & I. Peltzmann 1937)
Salberg bei Liezen (E. Haberfelner 1931d)
Sauerbrunngraben bei Eisenerz (F. Heritsch 1931b)

Weiritzgraben bei Eisenerz (E. HABERFELNER & F. HERITSCH
1932 a)

Bei den von den folgend angeführten Fundpunkten beschriebenen Materialien handelt es sich nicht um Graptolithen und wohl überhaupt nicht um organische Reste:
Weg Afers—Vilnößtal/Brixener Quarzphyllit (I. PELTZMANN 1935)
Bartholomäberg/Montafon (I. PELTZMANN 1932)
Gaishorn (E. HABERFELNER 1931 c)

Nicht nachprüfbar sind folgende Angaben, da das betreffende Material nicht eruiert werden konnte:
Weg Hüttau—Hochgründeck (PELTZMANN 1934 b)
Weg Admont—Kaiserau (PELTZMANN in AMPFERER 1935: 113)
Gröbming (PELTZMANN in F. HERITSCH 1943: 228)
Kaskögerl bei Veitsch (PELTZMANN 1937)

Die Originalbeschreibungen lassen jedoch an der Graptolithennatur der Funde zweifeln („eine unbestimmbare Graptolithentheke": PELTZMANN in AMPFERER 1935; „untersilurische Graptolithenspuren in einem phyllitischen Gesteinskomplex": F. HERITSCH 1943: 228; „in Gümbelit ist die Virgula (3,7 mm lang) und zwei Theken (1,1 mm lang) ... erhalten": PELTZMANN 1937: 127).

III. Gurktaler Alpen

Bei dem von F. HERITSCH 1940 von Tiffen beschriebenen *Monograptus gemmatus* handelt es sich um keinen organischen Rest.

IV. Paläozoikum von Murau

Die Funde von Olach (F. HERITSCH & A. THURNER 1932) sind nicht nachprüfbar, da der Verbleib des Materiales nicht festgestellt werden konnte.

V. Grazer Paläozoikum

Mit Ausnahme unbestimmbarer, jedoch gut erkennbarer Graptolithenreste in den hangenden Kieselschiefern der Breitenauer Magnesitlagerstätte (H. FLÜGEL 1961: 37) sind eindeutige Graptolithen nicht bekannt. Bei den Funden vom Heuberggraben bei Mixnitz (F. HERITSCH 1931 a) und von der Platte bei Graz (I. PELTZMANN 1940) handelt es sich mit großer Wahrscheinlichkeit nicht um Graptolithen. Dies gilt besonders für den *Didymograptus* sp. aus den Lyditen der Platte.

Nicht überprüfbar sind die von R. KNEBEL 1938 publizierten Funde von Kher bei Gratwein, da das Material bei Kriegsschluß in Prag in Verlust geraten ist (siehe H. FLÜGEL 1958: 63).

Unsicher ist die Herkunft der in den Konglomeraten der Kainacher Gosau relativ häufig auftretenden Lyditgerölle, aus welchen H. FLÜGEL 1952 *Pristiograptus atavus* (JONES) beschreiben konnte. Dem ausgezeichnet erhaltenen Exemplar, welches darin, worauf schon H. FLÜGEL hinwies, nicht hinter den Graptolithen des Hochwipfel in den Karnischen Alpen zurücksteht, steht aus dem Raum des heutigen Grazer Paläozoikums kein vergleichbarer Fund gegenüber.

Literatur

AIGNER, G., 1930: Silurische Versteinerungen aus der Grauwackenzone bei Fieberbrunn in Tirol. — Verh. geol. Bundesanst. Wien, S. 222—224, Wien.

— 1931: Eine Graptolithenfauna aus der Grauwackenzone von Fieberbrunn in Tirol nebst Bemerkungen über die Grauwackenzone von Dienten. — S. B. österr. Akad. Wiss. Wien, math.-naturwiss. Kl., Abt. I, *140*: 23—55, 21 Abb., Wien.

AMPFERER, O., 1935: Geologischer Führer für die Gesäuseberge. — 177 S., 16 Taf., Geol. Bundesanst. Wien.

BACHMANN, A. & SCHMIDT, M. E., 1964: Mikrofossilien aus dem österreichischen Silur. — Verh. geol. Bundesanst., S. 53—64, 6 Taf., Wien.

BOUČEK, B., 1931: Communication préliminaire sur quelques nouvelles espéces des Graptolites provenant du Gothlandien de la Bohême. — Věst. stát. geol. úst. ČSR, 7, 3: 293—313, 16 Abb., Prag.

— 1932a: A few remarks on the Genus *Linograptus* (FRECH). — Věst. stát. geol. úst. ČSR, *8*, 3: 145—150, 1 Abb., Prag.

— 1932b: Preliminary report on some new species of Graptolites from the Gothlandian of Bohemia. — Věst. stát. geol. úst. ČSR, *8*, 3: 150—155, 2 Abb., Prag.

— 1933: Monographie der obersilurischen Graptolithen aus der Familie *Cyrtograptidae*. — Práce geol.-pal. úst. Karlovy Univ., *1*: 1—84, 7 Taf., 19 Abb., Prag.

— 1936: La faune graptolitique du Ludlowien inférieur de la Bohême. — Bull. int. Acad. tchèque Sci., *46*, 16: 1—16, 2 Taf., 4 Abb., Prag, 1937.

— 1937: Graptolithoidea. — Fortschr. Paläont., *1*: 96—99, Berlin.

— 1957: The Dendroid Graptolites of the Silurian of Bohemia. — Rozpr. ústr. úst. geol., *23*: 1—187 (—294), 39 Taf., 74 Abb., Prag.

BOUČEK, B. & MÜNCH, A., 1943: Retioliti středoevropského Llandovery a spodniho Wenlocku. — Rozpr. II. tř. České Akad., *53*, 41: 1—50, 3 Taf., 17 Abb., Prag.

BOUČEK, B. & PŘIBYL, A., 1941: Über die Gattung *Petalolithus* SUESS aus dem böhmischen Silur. — Mitt. Tschech. Akad. Wiss., *51*, 11: 1—17, 2 Taf., 3 Abb., Prag.

— 1942a: Über Petalolithen aus der Gruppe *P. folium* (HIS.) und über *Cephalograptus* HOPK. — Rozpr. II. tř. České Akad., *52*, 31: 1—22, 1 Taf., 3 Abb., Prag.

— 1942b: Über böhmische Monograpten aus der Untergattung *Streptograptus* YIN. — Mitt. Tschech. Akad. Wiss., *52*, 1: 1—23, 3 Taf., 5 Abb., Prag.

— 1951: On some slender species of the genus *Monograptus* GEINITZ, especially of the subgenera *Mediograptus* and *Globosograptus*. — Bull. int. Acad. tchèque Sci., *52*, 13: 185—216, 3 Taf., 4 Abb., Prag (1953).

— 1952: Contribution to our knowledge of the Cyrtograptids from the Silurian of Bohemia and on their stratigraphical importance. — Bull. int. Acad. tchèque Sci., *53*, 9: 177—202, 4 Taf., 5 Abb., Prag (1953).

— 1953: On the genus *Diversograptus* MANCK from the Silurian of Bohemia. — Sbor. ústř. úst. geol. (odd. paleont.), *20*: 551—576, 3 Taf., 5 Abb., Prag.

BUCHDRUCKER, L., 1891: Die Mineralien der Erzlagerstätten von Leogang im Kronlande Salzburg. — Z. Kristallogr., *19*: 113—166, Leipzig.

BULMAN, O. M. B., 1938: *Graptolithina*. In SCHINDEWOLF, O. H.: Handbuch der Paläozoologie, *2 D*, Lief. 2: 1—92, 42 Abb., Berlin.

— 1955: *Graptolithina*, with sections on *Enteropneusta* and *Pterobranchia*. In MOORE, E. C.: Treatise on Invertebrate Paleontology, *V*: I—XVII, 1—101, Lawrence (Kansas).

FLÜGEL, H., 1952: Graptolithenfund in einem Lyditgeröll der Kainacher Gosau. — Verh. geol. Bundesanst., S. 153—155, Wien.

— 1953 a: Die stratigraphischen Verhältnisse des Paläozoikums von Graz. — Neues Jb. Geol. Pal., Mh., S. 55—92, Stuttgart.

— 1953 b: Neue Graptolithen aus dem Gotlandium der Karnischen Alpen. — Carinthia II, *63*, 2: 22—26, Klagenfurt.

— 1958: 140 Jahre geologische Forschung im Grazer Paläozoikum. — Mitt. naturw. Ver. Stmk., *88*: 51—78, Graz.

— 1961: Die Geologie des Grazer Berglandes. — Mitt. Mus. Bergb., Geol. Technik Joanneum, *23*: 1—212, Graz.

— 1963: Das Paläozoikum in Österreich. — Mitt. Geol. Ges. Wien, *56*: 401—443, 6 Tab., 5 Abb., Wien (1964).

FLÜGEL, H., GRÄF, W. & ZIEGLER, W., 1959: Bemerkungen zum Alter der „Hochwipfelschichten" (Karnische Alpen). — Neues Jb. Geol. Pal., Mh., S. 153—167, 3 Abb., Stuttgart.

FRECH, F., 1887: Über das Devon der Ostalpen, nebst Bemerkungen über das Silur und einem paläontologischen Anhang. — Z. dtsch. Geol. Ges., *39*: 659—738, Taf. 28—29, Berlin.

— 1894: Die Karnischen Alpen. — S. 1—515, 96 Abb., 16 Taf., Halle.

FRIEDRICH, O. & PELTZMANN, I., 1937: Magnesitvorkommen und Paläozoikum der Entachenalm im Pinzgau. — Verh. geol. Bundesanst., S. 245—253, 6 Abb., Wien.

FRITSCH, W. & HAJEK, H., 1965: Zur Geologie des Gerlitzenstockes in Kärnten. — Carinthia II, *75*: 7—29, 1 geol. Karte, Klagenfurt.

GAERTNER, H. R. v., 1930: Silurische und tiefunterdevonische Trilobiten und Brachiopoden aus den Zentralkarnischen Alpen. — Jb. preuss. geol. Landesanst., *51*, I: 198—252, Taf. 24—26, Berlin.

— 1931: Geologie der Zentralkarnischen Alpen. — Denkschr. österr. Akad. Wiss. Wien, math.-nat. Kl., *102*: 113—199, 16 Abb., 5 Taf., Wien.

GEYER, G., 1895: Aus dem paläozoischen Gebiete der Karnischen Alpen. — Verh. k. k. geol. Reichsanst., S. 60—90, Wien.

— 1896: Ueber die geologischen Verhältnisse im Pontafeler Abschnitt der Karnischen Alpen. — Jb. k. k. geol. Reichsanst., *46*, 1: 127—233, 1 Taf., 9 Abb., Wien.

— 1899: Ueber die geologischen Aufnahmen im Westabschnitt der Karnischen Alpen. — Verh. k. k. geol. Reichsanst., S. 89—117, Wien.

— 1901: Erläuterungen zur Geologischen Karte Oberdrauburg—Mauthen. — S. 1—85, Geol. Bundesanst. Wien.

GORTANI, M., 1920: Contribuzioni allo studio del Paleozoico Carnico. VI: Faune a Graptoliti. — Palaeontogr. ital., *26*: 1—56, Taf. 1—3, 2 Abb., Pisa.

— 1921: Progressi nella conoscenza geologica delle Alpi Carniche Principali. — Atti Soc. Tosc. Sci. Nat., Mem., *34*: 1—57, Pisa.

GORTANI, M., 1922: Faune paleozoiche della Sardegna. I: Le graptoliti di
Goni. II: Graptoliti della Sardegna orientale. — Palaeontogr. ital., *28*:
41—67, 85—112, Taf. 8—13, 15—19, Pisa.
— 1923: Contribuzioni allo studio del Paleozoico Carnico. VII: Graptoliti
del Monte Hochwipfel. — Palaeontogr. ital., *29*: 1—24, Taf. 1, 10 Abb.,
Pisa.
— 1924a: Graptoliti del M. Hochwipfel nelle Alpi Carniche. — Rend.
Real. Ist. Lomb. Sci. Lett. 2, *57*: 405—408, Milano.
— 1924b: Nuove ricerche geologiche nelle Alpi Carniche. — Boll. Soc.
Geol. ital., *43*, 2: 101—111, Roma.
— 1925a: Graptoliti del piano di Wenlock nelle Alpi Carniche. — Rend. R.
Accad. Sci. Ist. Bologna, Cl. Sci. Fisiche, N. S., *29* (1924—25), S. 172—175,
Bologna.
(Der Sonderdruck dieser Arbeit mit der Paginierung 3—6 führt den vom
Original abweichenden Titel: „La serie Graptolitica delle Alpi Carniche"
und findet sich auch unter diesem Titel in der Literatur — auch in den
Arbeiten GORTANIS — zitiert. Der Originaltitel wird nochmals für die
Arbeit GORTANI 1926, eine Publikation gänzlich anderen Inhalts, ver-
geben.)
— 1925b: Ricerche geologiche nelle Alpi Carniche. — Boll. Soc. Geol. ital.,
44: 213—222, Roma (1926).
— 1926: Graptoliti del piano di Wenlock nelle Alpi Carniche. — Giorn.
Geol., Ser. 2, *1*: 6—19, Taf. 2—3, 2 Abb., Bologna.
— 1950: Graptoliti di Rigolato (Carnia). — Mem. ist. geol. Univ. Padova,
16: 1—30, 1 Taf., Abb. A, B, 1—19, Padova.
GÜMBEL, C. W., 1888: Algenvorkommen im Thonschiefer des Schwarz-
Leogangtales bei Saalfelden. — Verh. k. k. geol. Reichsanst., S. 189—190,
Wien.
HABERFELNER, E., 1929: Über das Silur im Balkan nördlich von Sofia. —
Mitt. naturwiss. Ver. Stmk., *66*: 104—149, Taf. 15—18, Graz.
— 1930: Beiträge zur Geologie Westbulgariens mit besonderer Berück-
sichtigung der Kohle. — Schr. Brennstoffgeol., *8*: 70—132, Stuttgart.
— 1931a: Graptolithen aus dem Obersilur der Karnischen Alpen. I. Hoch-
wipfel Nordseite. — Sitzungsber. österr. Akad. Wiss. Wien, math.-nat.
Kl., Abt. I, *140*: 89—168, 3 Taf., 2 Abb., Wien.
— 1931b: Graptolithen aus dem Obersilur der Karnischen Alpen. II.
Unter-Llandoverylydite vom Polinik und von der Weideggerhöhe. —
Sitzungsber. österr. Akad. Wiss. Wien, math.-nat. Kl., Abt. I, *140*:
879—892, 3 Abb., Wien.
— 1931c: Graptolithen aus dem unteren Ordovicium von Gaishorn im
Paltental. — Verh. geol. Bundesanst., S. 235—238, 7 Abb., Wien.
— 1931d: Graptolithen aus dem Untersilur des Salberges bei Liezen im
Ennstal. — Verh. geol. Bundesanst., S. 242—246, Abb. 1a, b, Wien.
— 1932a: Muskeleindrücke an Monograptiden. — Firgenwald, *5*: 37,
Reichenberg.
— 1932b: Zur Entwicklungsgeschichte der Monograptiden. — Anz. Akad.
Wiss. Wien, math.-nat. Kl., S. 134—136, Wien.
— 1933: Muscle-scars of *Monograptidae*. — Amer. J. Sci., *25*: 298—302,
1 Taf., New Haven.
— 1935: Die Geologie des Eisenerzer Reichenstein und des Polster. —
Mitt. Mus. Bergb., Geol. Technik Joanneum, *2*, 32 S., 1 Karte, Graz.

HABERFELNER, E., 1936a: Neue Graptolithen aus dem Gotlandium Böhmens, Bulgariens und der Karnischen Alpen. — Geol. Balkanica II: 87—95, 6 Abb., Sofia.

— 1936b: Ludlow-Graptolithen aus dem Massiv von Mouthoumet. — Zbl. Mineral. Geol. Pal., Abt. B, S. 211—216, Abb. 1a—f, Stuttgart.

— 1937: Die Geologie der österreichischen Eisenerzlagerstätten. — Z. Berg.-Hütten-Salinenwesen dtsch. Reich, S. 226—240, 22 Abb., Berlin.

HABERFELNER, E. & HERITSCH, F., 1932a: Graptolithen aus dem Weiritzgraben bei Eisenerz. — Verh. geol. Bundesanst., S. 81—89, 10 Abb., Wien.

— 1932b: Obersilurische Lydite am nördlichen Valentintörl, Karnische Alpen. — Verh. geol. Bundesanst., S. 113—116, 1 Abb., Wien.

HAIDEN, A., 1936: Über neue Silurversteinerungen in der nördlichen Grauwackenzone auf der Entachenalm bei Alm im Pinzgau. — Verh. geol. Bundesanst., S. 133—138, Wien.

HAJEK, H., 1963: Die geologischen Verhältnisse des Gebietes N Feistritz—Pulst im Glantal, Kärnten. — Mitt. Geol. Ges. Wien, 55 (1962): 1—39, 1 Karte, 3 Abb., 1 Tab., Wien.

HERITSCH, F., 1927: Stratigraphie des Altpaläozoikums der Alpen. — Věst. stát. geol. úst. ČSR, 3, 2—3, 12 S., 2 Tab., Prag.

— 1928: Die Stratigraphie des Silurs der Karnischen Alpen. — Z. dtsch. geol. Ges., 80: 326—335, Berlin (1929).

— 1929a: Faunen aus dem Silur der Ostalpen. — Abh. geol. Bundesanst., 23, 2: 1—183, Taf. 1—8, Wien.

— 1929b: The Ordovician and the Silurian of the Carnic Alps. — Geol. Mag., 66, 121—128, London.

— 1931a: Graptolithenfund bei Mixnitz (Hochlantschgruppe, Paläozoikum von Graz). — Verh. geol. Bundesanst., S. 206, Wien.

— 1931b: Graptolithen aus dem Sauerbrunngraben bei Eisenerz. — Verh. geol. Bundesanst., S. 230—235, 5 Abb., Wien.

— 1934: The graptolitic faunas of the Gothlandian in the Eastern Alps and their relationships. — Geol. Mag., 71: 268—275, London.

— 1936a: Die Karnischen Alpen. Monographie einer Gebirgsgruppe der Ostalpen mit variszischem und alpidischem Bau. — 205 S., Graz.

— 1936b: Die Stratigraphie des Gotlandiums der Karnischen Alpen. — Zbl. Mineral. Geol. Pal., Abt. B, S. 503—506, Stuttgart.

— 1936c: Bemerkungen zur Notiz von A. HAIDEN über Silurversteinerungen von der Entachenalm. — Verh. geol. Bundesanst., S. 221—224, Wien.

— 1940: Obersilur bei Tiffen zwischen Ossiacher See und Feldkirchen. — Anz. Akad. Wiss. Wien, math. nat. Kl., S. 103—106, Wien.

— 1943: Das Paläozoikum. Bd. 1 von F. HERITSCH & O. KÜHN: Die Stratigraphie der geologischen Formationen der Ostalpen, S. 1—681, Berlin.

HERITSCH, F. & HERITSCH, H., 1941: Lydite und ähnliche Gesteine aus den Karnischen Alpen. — Mitt. alpenl. geol. Ver., 34: 127—164, 7 Abb., Wien (1943).

HERITSCH, F. & PELTZMANN, I., 1942: Zum Vergleich des Silurs der Ostalpen mit jenem von Thüringen, Frankenwald und Vogtland. — Zbl. Mineral. Geol. Pal., Abt. B, S. 279—282, Stuttgart.

HERITSCH, F. & THURNER, A., 1932: Graptolithenfunde in der Murauer Kalk-Phyllitserie. — Verh. geol. Bundesanst., S. 92—93, Wien.

HUNDT, R., 1941: Das Silur der Ostalpen im Vergleich mit dem ost-thüringisch-frankenwäldisch-vogtländischen Silur. — Zbl. Mineral. Geol. Pal., Abt. B, S. 223—230, Stuttgart.

JAEGER, H., 1959: Graptolithen und Stratigraphie des jüngsten Thüringer Silurs. — Abh. dtsch. Akad. Wiss. Berlin, Kl. Chemie, Geol. & Biol., Jg. 1959, 2: 1—197, 14 Taf., 27 Abb., Berlin.

KAHLER, F. & PREY, S., 1963: Erläuterungen zur Geologischen Karte des Naßfeld-Gartnerkofel-Gebietes in den Karnischen Alpen. — 116 S., 5 Taf., Geol. Bundesanst. Wien.

KNEBEL, R., 1938: Geologisches Profil der Antiklinale von Kehr (Südrampe des Pleschkogels bei Graz, 1063 m). — Anz. Akad. Wiss. Wien, math. nat. Kl., S. 113—114, Wien.

MOSTLER, H., 1965: Conodonten aus dem Paläozoikum der Kitzbühler Alpen (Tirol). — Verh. geol. Bundesanst., S. 163—167, Wien.

MÜNCH, A., 1952: Die Graptolithen aus dem anstehenden Gotlandium Deutschlands und der Tschechoslowakei. — Geologica, 7: 1—157, 62 Taf., Berlin.

PELTZMANN, I., 1931: Graptolithen von der Dellacher (Zollner) Alm. — Anz. Akad. Wiss. Wien, math. nat. Kl., *68*: 214—215, Wien.

— 1932: Silurnachweis durch einen Graptolithenfund in der Grauwacke Vorarlbergs. — Verh. geol. Bundesanst., S. 160—161, Wien.

— 1934a: Graptolithen aus dem Gotlandium (Obersilur) der Karnischen Alpen, insbesondere der Dellacher Alpe am Zollner. — Sitzungsber. Akad. Wiss. Wien, math. nat. Kl., *143*: 195—211, 1 Taf., Wien.

— 1934b: Tiefes Paläozoikum in der Grauwacke unterm Dachstein. — Verh. geol. Bundesanst., S. 88—89, Wien.

— 1935: Palaeozoikum im Brixener Quarzphyllit. — Verh. geol. Bundesanst., S. 195—196, 1 Abb., Wien.

— 1936: Zu den Graptolithen von der Entachenalm. — Verh. geol. Bundesanst., S. 224, Wien.

— 1937: Silurnachweis im Veitschgebiet. — Verh. geol. Bundesanst., S. 126—127, 1 Abb., Wien.

— 1937: Zur Stratigraphie des Magnesitvorkommens der Entachenalm. — siehe FRIEDRICH & PELTZMANN 1937!

— 1940: Graptolithen aus den Oberen Schiefern der Platte bei Graz. — Anz. Akad. Wiss. Wien, math. nat. Kl., S. 89, Wien.

PREY, S., 1958: Geologische Aufnahmen 1957 im Gebiet südlich Tröpolach, sowie der Kronalm in den Karnischen Alpen. — Verh. geol. Bundesanst., S. 246—247, Wien.

PŘIBYL, A., 1940a: Über böhmische Vertreter der Monograpten aus der Gruppe *Pristiograptus nudus*. — Mitt. Tschech. Akad. Wiss., *50*, 16: 1—14, 2 Taf., Prag.

— 1940b: Revision der böhmischen Vertreter der Monograptidengattung *Monoclimacis* FRECH. — Mitt. Tschech. Akad. Wiss., *50*, 23: 1—19, 3 Taf., Prag 1940.

— 1940c: Die Graptolithenfauna des mittleren Ludlows von Böhmen (oberes eß). — Věst. geol. úst. ČSR., *16*, 2—3: 63—73, 1 Taf., 1 Abb., Prag.

— 1941a: *Pernerograptus* nov. gen. a jeho zástupci z českého a ciziho siluru (*Pernerograptus* nov. gen. und seine Vertreter aus dem böhmischen und ausländischen Silur). — Věst. král. české spol. nauk, tř. mat.-přir., S. 1—18 (1—7 tschech., 8—14 deutsch), 2 Taf., Prag (1942).

Přibyl, A., 1941b: Von böhmischen und fremden Vertretern der Gattung *Rastrites* Barrande 1850. — Mitt. Tschech. Akad. Wiss., *51*, 6: 1—22, 3 Taf., 1 Abb., Prag.

— 1941c: Über einige neue Graptolithenarten aus dem böhmischen Obersilur. — Mitt. Tschech. Akad. Wiss., *51*, 7: 1—9, 2 Taf., Prag.

— 1942a: Einige kritische Bemerkungen zur Art *Monograptus hercynicus* Perner. — Věst. král. české spol. nauk, tř. mat.-přirod., Nr. 9: 1—7, 1 Taf., Prag.

— 1942b: Beitrag zur Kenntnis der deutschen Rastriten. — Mitt. Tschech. Akad. Wiss., *52*, 4: 1—10, 1 Taf., 2 Abb., Prag (1943).

— 1942c: Beitrag zur Kenntnis der Monograpten aus der Gruppe *Monograptus flexilis*. — Mitt. Tschech. Akad. Wiss., *52*, 5: 1—12, 2 Taf., 1 Abb., Prag (1943).

— 1942d: Revision der Pristiograpten aus den Untergattungen *Colonograptus* n. subg. und *Saetograptus* n. subg. — Mitt. Tschech. Akad. Wiss., *52*, 15: 1—22, 3 Abb., Prag (1943).

— 1943a: Einige neue Graptolithen aus dem böhmischen und deutschen Silur. — Věst. král. české spol. nauk, tř. mat.-přirod., Nr. 6: 26 S., 1 Abb., 2 Taf., Prag (1944).

— 1943b: Revision aller Vertreter der Gattung *Pristiograptus* aus der Gruppe *P. dubius* und *P. vulgaris* aus dem böhmischen und ausländischen Silur. — Mitt. Tschech. Akad. Wiss., *53*, 4: 1—49, 4 Taf., 4 Abb., Prag (1944).

— 1944a: Jak poznáme naše silurské graptolitové rody. I. čeled' *Monograptidae* Lapw. — II. *Cyrtograptidae* a *Diplograptidae*. — Věda přirodni, *23*, 1—5, 10 Abb.; 108—118, 16 Abb. Prag.

— 1944b: Přehled vývoje graptolitů z čeledě *Monograptidae* Lapworth, 1873 a poznámky k druhu *Demirastrites denticulatus* (Törnquist). — (Summary of the evolution of Graptolites of the familiy *Monograptidae* Lapw. and observations to the species *Demirastrites denticulatus*.) — Věst. král. české spol. nauk, tř. mat.-přirod., 1944, Nr. 17: 1—24, 1 Taf., 3 Abb., Prag (1946).

— 1944c: The Middle-European Monograptids of the Genus *Spirograptus* Gür. — Bull. int. Acad. tchèque Sci., *54*, 19: 1—47, 11 Taf., 3 Abb., Prag (1946).

— 1946: Contribution to a new systematic of the Graptolites of the family Monograptidae Lapw. — Věst. Stát. geol. úst. ČSR, *21*: 274—285, Prag.

— 1947: Classification of the genus *Climacograptus* Hall, 1865. — Bull. int. Acad. tchèque Sci., *48* (1947), 2: 1—12, 2 Taf., 1 Abb., Prag (1950).

— 1948a: Some new subgenera of Graptolites from the families *Dimorphograptidae* and *Diplograptidae*. — Věst. Stát. geol. úst. ČSR, *23*: 37—48, Prag.

— 1948b: Bibliographic index of Bohemian Silurian Graptolites. — Knih. geol. úst. ČSR, *22*: 1—96, Prag.

— 1949: Revision of the *Diplograptidae* and *Glossograptidae* of the Ordovician of Bohemia. — Bull. int. Acad. tchèque Sci., *50* (1949), 1: 1—51, 5 Taf., 2 Abb., Prag (1951).

Přibyl, A. & Münch, A., 1942: Revision der mitteleuropäischen Vertreter der Gattung *Demirastrites* Eisel. — Rozpr. II tř. České Akad., *52*, 30: 1—26, 3 Taf., 5 Abb., Prag.

Seelmeier, H., 1932: Graptolithen von der Gugel (Gebiet der Straniger Alm). — Anz. Akad. Wiss. Wien, math.-nat. Kl., *69*: 261, Wien.

— 1936: Obersilurische Graptolithen von der Gugel (Karnische Alpen). — Sitzungsber. Akad. Wiss. Wien, math.-nat. Kl., Abt. I, *145*: 217—226, 4 Abb., Wien.

Stache, G., 1872a: Entdeckung von Graptoliten-Schiefern in den Südalpen. — Verh. k. k. geol. Reichsanst., S. 234—235, Wien.

— 1872b: Über die Graptolithen der schwarzen Kieselschiefer am Osternig zwischen Gailthal und Fellathal in Kärnthen. — Verh. k. k. geol. Reichsanst., S. 323, Wien.

— 1873a: Der Graptolithenschiefer am Osternig-Berge in Kärnten und seine Bedeutung für die Kenntnis des Gailthaler Gebirges und für die Gliederung der paläozoischen Schichtenreihe der Alpen. — Jb. k. k. geol. Reichsanst., *23*: 175—248, Wien.

— 1873b: Der Graptolithen-Schiefer am Osternig-Berge in Kärnten und seine Bedeutung für die Kenntnis des Gailthaler Gebirges und für die Gliederung der paläozoischen Schichtenreihe der Alpen. — Verh. k. k. geol. Reichsanst., S. 215—217, Wien.

— 1874: Die paläozoischen Gebiete der Ostalpen. — Jb. k. k. geol. Reichsanst., *24*: 135—274, Taf. 6—8, 1 Karte, Wien.

— 1879: Ueber die Verbreitung silurischer Schichten in den Ostalpen. — Verh. k. k. geol. Reichsanst., S. 216—223, Wien.

— 1881: Aus dem Silurgebiet der Karnischen Alpen. — Verh. k. k. geol. Reichsanst., S. 298, Wien.

— 1884: Über die Silurbildungen der Ostalpen mit Bemerkungen über die Devon, Carbon- und Perm-Schichten dieses Gebietes. — Z. dtsch. geol. Ges., *36*: 277—378, Berlin.

Vinassa de Regny, P., 1907: Graptoliti Carniche. — Atti Congr. Naturalisti Italiani, Milano 1906, 28 S., 1 Taf., Mailand.

Vinassa de Regny, P. & Gortani, M., 1905: Nuove ricerche geologiche sui terreni compresi nella tavoletta „Paluzza". — Boll. Soc. geol. ital., *24*, 2: 720—723, Rom.

— 1910: Le paléozoique des Alpes Carniques. — Compt. Rend. 11. Congr. Géol. Int., S. 1005—1012, 1 Karte, Stockholm.

Classis: *Graptolithina* BRONN 1846

Ordo: *Dendroidea* NICHOLSON 1872
Fam.: *Dendrograptidae* RÖMER in FRECH 1897
Genus: *Dendrograptus* HALL 1858

Dendrograptus sp.

1920 (*Dendrograptus*) GORTANI 1920, S. 3.
1921 (*Dendrograptus*) GORTANI 1921, S. 5 (= Exempl. 1920).
1936 (*Dendrograptus*) HERITSCH 1936a, S. 58 (= Exempl. 1920)
1943 (*Dendrograptus* sp.) HERITSCH 1943, S. 27, 32, 93.

Verbreitung: Schönwipfel (Osternig, Uggwagraben) (Karnische Alpen).
Aufbewahrung: Museo geologico di Pisa.

Genus: *Desmograptus* HOPKINSON 1875.

Desmograptus sp.

1920 (*Desmograptus* sp. indet.) GORTANI 1920, S. 12, Taf. 1, Fig. 10
Verbreitung: Nölblinggraben (Uggwagraben) (Karnische Alpen).
Aufbewahrung: Museo geologico di Pisa.

Genus: *Dictyonema* HALL 1851.

Dictyonema carnicum (VINASSA de REGNY 1907)

*1907 (*Dendrograptus* [?] *carnicum*) VINASSA 1907, S. 7, Taf. 1, Fig. 1.
1920 (*Dictyonema* [?] *carnicum*) GORTANI 1920, S. 11, Taf. 1, Fig. 5.
1925 (*Dictyonema* [?] *carnicum*) GORTANI 1925a, S. 174 (= Exempl. 1920).
1943 (*Dictyonema carnicum*) HERITSCH 1943, S. 97, 117.

Verbreitung: Schönwipfel (Casera Meledis) (Karnische Alpen)
Aufbewahrung: Museo geologico di Pisa.

Dictyonema sp.

1920 (*Dictyonema*) GORTANI 1920, S. 5 (1).
vnon 1931 (*Dictyonema* [?] sp.) HABERFELNER 1931f, S. 242 (2).
vnon 1932 (*Dictyonema* sp.) HABERFELNER & HERITSCH 1932a, S. 82, 83, Abb. 7 (3).

v non 1935 (*Dictyonema* sp.) HABERFELNER 1935, S. 6 (= Exempl.
    1932)
    1936 (*Dictyonema*) HERITSCH 1936a, S. 58 (= Exempl. 1920).
v non 1937 (*Dictyonema* sp.) HABERFELNER 1937, S. 228 (= Exempl.
    1932).
v non 1943 (*Dictyonema* sp.) HERITSCH 1943, S. 228.

Verbreitung: (1) Schönwipfel (Karnische Alpen), (2) Salberg b.
Liezen, (3) Weiritzgraben b. Eisenerz (Grauwackenzone).
Aufbewahrung: (1) Museo geologico di Pisa, (2), (3) Univ.
Graz, Geol. Pal. Inst.
Bemerkungen: Bei den vom Salberg b. Liezen und aus dem
Weiritzgraben bei Eisenerz bekanntgemachten Funden handelt es
sich vermutlich nicht um organische Reste.

„Dendroide Graptolithen"

1936 („Dendroide Graptolithen") HABERFELNER 1936a, S. 90, 91.

Verbreitung: Findenig (Karnische Alpen).
Aufbewahrung: Wahrscheinlich nur Feldbefund.

Ordo: *Graptoloidea* LAPWORTH 1875.
Fam.: *Dichograptidae* LAPWORTH 1873.
Genus: *Holograptus* HOLM 1881.

Holograptus sp.

v non 1931 (*Holograptus* sp.) HERITSCH 1931b, S. 230, Abb. 1, 2 (1).
v non 1935 (*Holograptus* sp. [nov. sp.]) HABERFELNER 1935, S. 6
    (= Exempl. 1931).
? 1936 („Spuren von *Holograptus*") HERITSCH 1936a, S. 57 (2).
  1938 (*Holograptus*, viell. *H. deahi*) KNEBEL 1938, S. 114 (det.
    HERITSCH) (3).
  1943 (*Holograptus* sp.) HERITSCH 1943, S. 31, 204, 243.
  1953 (*Holograptus* sp.) FLÜGEL 1953a, S. 56 (= Exempl. 1938).
  1958 (*Holograptus* sp.) FLÜGEL 1958, S. 60, 63 (= Exempl. 1938).
? 1963 (*Holograptus*) KAHLER & PREY 1963, S. 13 (= Exempl. 1936).

Verbreitung: (1) Sauerbrunngraben b. Eisenerz (Grauwacken-
zone), (2) Garnitzenklamm b. Hermagor (Karnische Alpen),
(3) Kher b. Gratwein (Grazer Paläozoikum).
Aufbewahrung: (1) Univ. Graz, Geol. Pal. Inst., (2) Univ.
Graz, Geol. Pal. Inst. (?), (3) Nach H. FLÜGEL 1958: 63 1945 in
Prag in Verlust geraten.
Bemerkungen: Zu (1) siehe HABERFELNER 1937, S. 228.

Genus: *Trochograptus* HOLM 1881.

Trochograptus sp.

v non 1931 (*Trochograptus* sp. [nov. sp. ?]) HABERFELNER 1931 c, S. 237,
    Abb. 1 e—g (1).
1938 (*Trochograptus* sp.) KNEBEL 1938, S. 114 (det. PELTZMANN)
    (2).
1943 (*Trochograptus* sp.) HERITSCH 1943, S. 204, 229.
1953 (*Trochograptus* sp.) FLÜGEL 1953 a, S. 56 (= Exempl. 1938).
1958 (*Trochograptus* sp.) FLÜGEL 1958, S. 60, 63 (= Exempl.
    1938).

Verbreitung: (1) Gaishorn (Grauwackenzone), (2) Kher b.
Gratwein (Grazer Paläozoikum).

Aufbewahrung: (1) Univ. Graz, Geol. Pal. Inst., (2) Siehe bei
Holograptus sp. (3).

Bemerkungen: Bei den von HABERFELNER 1931 c als *Trochograptus* sp. gedeuteten Spuren auf einem Phyllit von Gaishorn
handelt es sich nicht um organische Reste.

Genus: *Dichograptus* SALTER 1863.

Dichograptus sp.

1938 (*Dichograptus* sp.) KNEBEL 1938, S. 114 (det. PELTZMANN).
1943 (*Dichograptus* sp.) HERITSCH 1943, S. 204 (= Exempl. 1938).
1953 (*Dichograptus* sp.) FLÜGEL 1953 a, S. 56 (= Exempl. 1938).
1958 (*Dichograptus* sp.) FLÜGEL 1958, S. 60, 63 (= Exempl. 1938).
Verbreitung: Kher b. Gratwein (Grazer Paläozoikum).
Aufbewahrung: Siehe *Holograptus* sp. (3).

Genus: *Tetragraptus* SALTER 1863.

Tetragraptus aff. *quadribrachiatus* (HALL 1858)

*1858 (*Graptolithus quadribrachiatus*) HALL 1858, S. 125.
v non 1931 (*Tetragraptus* aff. *quadribrachiatus*) HABERFELNER 1931 c,
    S. 236, Abb. 1 a—d.
v non 1943 (*Tetragraptus quadribrachiatus*) HERITSCH 1943, S. 229
    (= Exempl. 1931).

Verbreitung: Gaishorn (Grauwackenzone).
Aufbewahrung: Univ. Graz, Geol. Pal. Inst.
Bemerkungen: Siehe *Trochograptus* sp., Bemerkungen zu (1).

Genus: *Didymograptus* Mc Coy 1851.

non *Didymograptus* sp.

v1940 (*Didymograptus* Mc. Coy) PELTZMANN 1940, S. 89.
v1943 (*Didymograptus* sp.) HERITSCH 1943, S. 204 (= Exempl. 1940).
v1953 (*Didymograptus* sp.) FLÜGEL 1953a, S. 56 (= Exempl. 1940).
v1958 (*Didymograptus* sp.) FLÜGEL 1958, S. 60, 63 (= Exempl. 1940).
Verbreitung: Platte b. Graz (Grazer Paläozoikum).
Aufbewahrung: Univ. Graz, Geol. Pal. Inst., Inv. Nr. 207.
Bemerkungen: Nach H. FLÜGEL 1958, S. 63, handelt es sich um „einen völlig undefinierbaren Rest, dessen organische Natur überhaupt zweifelhaft erscheint".

Fam.: *Dicranograptidae* LAPWORTH 1873.

Genus: *Dicellograptus* HOPKINSON 1871.

Dicellograptus complanatus ornatus ELLES & WOOD 1905

*1905 (*Dicellograptus complanatus* var. *ornatus*) ELLES & WOOD 1905, S. 140, Abb. 85a, b, Taf. 20, Fig. 2a—c.
v1931 (*Dicellograptus complanatus* var. *ornatus*) HABERFELNER 1931b, S. 885, 891.
v1943 (*Dicellograptus complanatus* var. *ornatus*) HERITSCH 1943, S. 29, 31, 32 (= Exempl. 1931).
Verbreitung: Colendiaul (Karnische Alpen).
Aufbewahrung: Univ. Graz, Geol. Pal. Inst.

Dicellograptus sp.

v1934 (*Dicellograptus* sp.) PELTZMANN 1934a, S. 197.
v1943 (*Dicellograptus* sp.) HERITSCH 1943, S. 30 (= Exempl. 1934).
Verbreitung: Dellacher Alm am Zollner (Karnische Alpen).
Aufbewahrung: Univ. Graz, Geol. Pal. Inst.

Genus: *Dicranograptus* HALL 1865.

Dicranograptus clingani CARRUTHERS 1868

*1868 (*Dicranograptus Clingani*) CARRUTHERS 1868, S. 132, Taf. 5, Fig. 6a—c.
vnon1931 (*Dicranograptus Clingani*) HERITSCH 1931b, S. 232, Abb. 5 (indet.!).
vnon1935 (*Dicranograptus clingani*) HABERFELNER 1935, S. 6 (= Exempl. 1931).
vnon1943 (*Dicranograptus clingani*) HERITSCH 1943, S. 231 (= Exempl. 1931).
Verbreitung: Sauerbrunngraben b. Eisenerz (Grauwackenzone).
Aufbewahrung: Univ. Graz, Geol. Pal. Inst.

2

Dicranograptus rectus HOPKINSON 1872

*1872 (*Dicranograptus rectus*) HOPKINSON 1872, S. 508, Taf. 12, Fig. 10.
v non 1932 (*Dicranograptus rectus*) HABERFELNER & HERITSCH 1932a, S. 82, 83.
v non 1935 (*Dicranograptus rectus*) HABERFELNER 1935, S. 6 (= Exempl. 1932).
v non 1943 (*Dicranograptus rectus*) HERITSCH 1943, S. 232 (= Exempl. 1932).

Verbreitung: Weiritzgraben b. Eisenerz (Grauwackenzone).
Aufbewahrung: Univ. Graz, Geol. Pal. Inst.
Bemerkungen: Bei dem von HABERFELNER & HERITSCH beschriebenen Material handelt es sich nicht um Graptolithen; eine organische Natur der Reste ist unsicher.

Fam.: *Diplograptidae* LAPWORTH 1873.

Subfam.: *Climacograptinae* FRECH 1897.

Genus: *Climacograptus* HALL 1865.

Climacograptus rectangularis (MC COY 1850)

*1850 (*Diplograptus rectangularis*) Mc COY 1850, S. 271
 1920 (*Climacograptus rectangularis*) GORTANI 1920, S. 13, Taf. 1, Fig. 11, 12 (1).
?1925 (*Climacograptus* cfr. *rectangularis*) GORTANI 1925b, S. 217 (2).
 1943 (*Climacograptus rectangularis*) HERITSCH 1943, S. 95, 96, 97, 98, 100, 127.

Verbreitung: (1) Nölblinggraben, (2) Rauchkofel, (Uggwagraben, Casera Meledis) (Karnische Alpen).
Aufbewahrung: (1),?(2): Museo geologico di Pisa.

Climacograptus scalaris scalaris (HISINGER 1837)

*1837 (*Prionotus scalaris*) HISINGER 1837, S. 113, Taf. 35, Fig. 4a,b.
 1923 (*Climacograptus scalaris*) GORTANI 1923, S. 2, Taf. 1, Fig. 1 (1).
 1924 (*Climacograptus scalaris*) GORTANI 1924a, S. 407 (= Exempl. 1923).
 1925 (*Climacograptus scalaris*) GORTANI 1925a, S. 173 (= Exempl. 1923).
 1943 (*Climacograptus scalaris*) HERITSCH 1943, S. 111, 115—116 (= Aufsammlung F. KAHLER, unpubl.: [2]), 117, 130, 131, 141, 166

Verbreitung: Hochwipfel S (Karnische Alpen).
Aufbewahrung: (1) Museo geologico di Bologna, (2) Univ. Graz, Geol. Pal. Inst.

Climacograptus scharenbergi LAPWORTH 1876

*1876 (*Climacograptus Scharenbergi*) LAPWORTH 1876, S. 6, Taf. 5, Fig. 35.

v1931 (*Climacograptus scharenbergi*) HABERFELNER 1931b, S. 885.

1943 (*Climacograptus scharenbergi*) HERITSCH 1943, S. 29, 31, 32.

Verbreitung: Obere Buchacher Alm (Karnische Alpen).

Aufbewahrung: Univ. Graz, Geol. Pal. Inst.

Climacograptus sp.

1924 (*Climacograptus*) GORTANI 1924b, S. 104 (1).

1932 (*Climacograptus* sp.) HABERFELNER & HERITSCH 1932, S. 82, 84, Abb. 5 (2).

1935 (*Climacograptus* sp.) HABERFELNER 1935, S. 8 (= Exempl. 1932).

1937 (*Climacograptus?*) PELTZMANN in FRIEDRICH & PELTZMANN 1937, S. 249, 250 (3).

Verbreitung: (1) Rauchkofel (Karnische Alpen), (2) Weiritzgraben b. Eisenerz (Grauwackenzone), (3) Entachenalm b. Saalfelden (Grauwackenzone).

Aufbewahrung: (1) ? Museo geologico di Pisa, (2) (3) ? Univ. Graz, Geol. Pal. Inst.

Bemerkungen: (1) = *Climacograptus* cf. *rectangularis* Exempl. (2), siehe dort.

Subfam.: *Diplograptinae* LAPWORTH 1873.

Genus: *Diplograptus* Mc. COY 1850.

Diplograptus modestus diminutus ELLES & WOOD 1907

*1907 (*Diplograptus [Mesograptus] modestus* var. *diminutus*) ELLES & WOOD 1907, S. 265, Taf. 31, Fig. 13a—c, Abb. 182.

1931 (*Mesograptus modestus* var. *diminutus*) AIGNER 1931, S. 48, Abb. 20.

1943 (*Mesograptus modestus* var. *diminutus*) HERITSCH 1943, S. 224.

Verbreitung: Lachtalgraben b. Fieberbrunn (Grauwackenzone).

Aufbewahrung: ? Univ. Graz, Geol. Pal. Inst.

Diplograptus sp.

1932 (*Diplograptus* sp.) HERITSCH in THURNER & HERITSCH 1932, S. 93 (1).

1936 (*Diplograptus* sp.) HERITSCH 1936a, S. 155 (2).

Verbreitung: (1) Olach b. Murau (Murauer Paläozoikum), (2) Pessendellach (Karnische Alpen).

Aufbewahrung: (1) (2) ? Univ. Graz, Geol. Pal. Inst.

2*

Genus: *Glyptograptus* LAPWORTH 1873.

Glyptograptus cf. tamariscus tamariscus (NICHOLSON 1868)

*1868 (*Diplograptus tamariscus*) NICHOLSON 1868, S. 526, Taf. 9, Fig. 10—13.

v1931 (*Glyptograptus* cf. *tamariscus*) HABERFELNER 1931a, S. 104, Taf. 3, Fig. 16.

1943 (*Glyptograptus tamariscus*) HERITSCH 1943, S. 97, 109, 128, 131, 141.

Verbreitung: Hochwipfel N (Uggwagraben, Casera Meledis) (Karnische Alpen).

Aufbewahrung: Univ. Graz, Geol. Pal. Inst.

Glyptograptus tamariscus fastigatus HABERFELNER 1931

*v1931 (*Glyptograptus tamariscus* mut. *fastigatus*) HABERFELNER 1931a, S. 105, Taf. 3, Fig. 17a—e.

v1943 (*Glyptograptus tamariscus* var. *fastigatus*) HERITSCH 1943, S. 109, 110, 141.

Typus: Lectotypus nach H. FLÜGEL (unpubl.): Inv. Nr. 1533 HABERFELNER 1931a, Taf. 3, Fig. 17c. Syntypen: Inv. Nr. 1540, 1541, 1544, 1548, 1549, 1553.

Locus typicus: Hochwipfel N (Karnische Alpen).

Stratum typicum: Zone 22 nach ELLES & WOOD (Zone des *Rastrites linnaei*).

Verbreitung: Siehe Locus typicus.

Aufbewahrung: Univ. Graz, Geol. Pal. Inst.

Glyptograptus tamariscus incertus ELLES & WOOD 1907

*1907 (*Diplograptus* [*Glyptograptus*] *tamariscus* var. *incertus*) ELLES & WOOD 1907, S. 249, Taf. 30, Fig. 9a—d, Abb. 168a—d.

v1931 (*Glyptograptus tamariscus* var. *incertus*) AIGNER 1931, S. 49, Abb. 21.

1943 (*Diplograptus tamariscus* var. *incertus*) HERITSCH 1943, S. 95, 97.

1943 (*Glyptograptus tamariscus* var. *incertus*) HERITSCH 1943, S. 128, 131, 224.

Verbreitung: Lachtalgraben b. Fieberbrunn (Grauwackenzone), (Uggwagraben, Casera Meledis) (Karnische Alpen).

Aufbewahrung: Univ. Graz, Geol. Pal. Inst.

Glyptograptus teretiusculus teretiusculus (HISINGER 1840)

*1840 (*Prionotus teretiusculus*) HISINGER 1840, S. 5, Taf. 38, Fig. 4.

v non1931 (*Glyptograptus teretiusculus*) HERITSCH 1931b, S. 232, Abb. 3.

v non1935 (*Glyptograptus teretiusculus*) HABERFELNER 1935, S. 6 (= Exempl. 1931).

v non1943 (*Glyptograptus teretiusculus*) HERITSCH 1943, S. 231.

Verbreitung: Sauerbrunngraben b. Eisenerz (Grauwacken-zone).
Aufbewahrung: Univ. Graz, Geol. Pal. Inst.

Glyptograptus teretiusculus siccatus ELLES & WOOD 1907

*1907 (*Diplograptus* [*Glyptograptus*] *teretiusculus* var. *siccatus*) ELLES & WOOD 1907, S. 253, Taf. 31, Fig. 3a—d, Abb. 173a, b.
v1943 (*Glyptograptus teretiusculus* var. *siccatus*) HERITSCH 1943, S. 29, 31, 32 (= Material HABERFELNER, unpubl.).

Verbreitung: Obere Buchacher Alm (Karnische Alpen).
Aufbewahrung: Univ. Graz, Geol. Pal. Inst.

Genus: *Orthograptus* LAPWORTH 1873.

Orthograptus truncatus socialis (LAPWORTH 1880)

*1880 (*Diplograptus socialis*) LAPWORTH 1880, S. 166, Taf. 4, Fig. 13a—c.
v non1931 (*Orthograptus truncatus* var. *socialis*) HABERFELNER 1931d, S. 243, Abb. 1a, b.
v non1943 (*Orthograptus truncatus* var. *socialis*) HERITSCH 1943, S. 228.

Verbreitung: Salberg b. Liezen (Grauwackenzone).
Aufbewahrung: Univ. Graz, Geol. Pal. Inst.
Bemerkungen: Die von HABERFELNER als *Orthograptus truncatus* var. *socialis* beschriebenen Reste sind unbestimmbar, jedoch könnte es sich um Graptolithen-Häcksel handeln.

Orthograptus sp.

v non1932 (*Diplograptus* [*Orthograptus*] sp.) HABERFELNER & HE-RITSCH 1932a, S. 82, 84 (1).
v non1935 (*Diplograptus* [*Orthograptus*] sp.) HABERFELNER 1935, S. 6 (= Exempl. 1932).
?1937 (*Orthograptus*?) PELTZMANN in FRIEDRICH & PELTZMANN 1937, S. 250 (2).
?1943 (*Orthograptus* sp.) HERITSCH 1943, S. 228, 232.

Verbreitung: (1) Weiritzgraben b. Eisenerz, (2) Entachenalm b. Saalfelden (Grauwackenzone).
Aufbewahrung: (1) Univ. Graz, Geol. Pal. Inst., (2) ? Univ. Graz, Geol. Pal. Inst.
Bemerkungen: Bei dem von HABERFELNER & HERITSCH 1932 beschriebenen Stück handelt es sich um anorganische Strukturen.

Subfam.: *Petalograptinae* BULMAN in MOORE 1955.

Genus: *Petalograptus* SUESS 1851.

Petalograptus altissimus (ELLES & WOOD 1908)

*1908 (*Diplograptus [Petalograptus] altissimus*) ELLES & WOOD 1908, S. 381, Taf. 32, Fig. 7a—e (non Fig. c), Abb. 194a—c.

1923 (*Diplograptus [Petalograptus] altissimus*) GORTANI 1923, S. 5, Taf. 1, Fig. 6.

1924 (*Diplograptus [Petalograptus] altissimus*) GORTANI 1924a, S. 407 (= Exempl. 1923).

1925 (*Petalograptus altissimus*) GORTANI 1925a, S. 173 (= Exempl. 1923).

1943 (*Petalograptus altissimus*) HERITSCH 1943, S. 112, 137, 141.

Verbreitung: Hochwipfel S (Karnische Alpen).

Aufbewahrung: Museo geologico di Bologna.

Petalograptus minor ELLES 1897

*1897 (*Petalograptus minor*) ELLES 1897, S. 201, Taf. 14, Fig. 17 bis 21.

1923 (*Diplograptus [Petalograptus] minor*) GORTANI 1923, S. 4, Taf. 1, Fig. 5.

1924 (*Diplograptus [Petalograptus] minor*) GORTANI 1924a, S. 407 (= Exempl. 1923).

1925 (*Petalograptus minor*) GORTANI 1925a, S. 173 (= Exempl. 1923).

1943 (*Petalograptus minor*) HERITSCH 1943, S. 95, 97, 111, 128.

1950 (*Petalograptus minor*) GORTANI 1950, S. 25 (= Exempl. 1923).

Verbreitung: Hochwipfel S (Uggwagraben, Casera Meledis) (Karnische Alpen).

Aufbewahrung: Museo geologico di Bologna.

Petalograptus ovatus (BARRANDE 1850)

*1850 (*Graptolithus ovatus*) BARRANDE 1850, S. 63, Taf. 3, Fig. 20.

v1931 (*Petalograptus ovatus*) HABERFELNER 1931a, S. 108, Taf. 3, Fig. 20.

1943 (*Petalograptus ovatus*) HERITSCH 1943, S. 109, 111, 131, 141, 143.

Verbreitung: Hochwipfel N (Karnische Alpen).

Aufbewahrung: Univ. Graz, Geol. Pal. Inst.

Petalograptus palmeus palmeus (BARRANDE 1850)

*1850 (*Graptolithus palmeus* var. *lata*) BARRANDE 1850, S. 61, Taf. 3, Fig. 3—4, non 5—7 (siehe BOUČEK & PŘIBYL 1941, S. 3).

1923 (*Diplograptus [Petalograptus] palmeus*) GORTANI 1923, S. 3, Taf. 1, Fig. 2 (1).

1923 (*Diplograptus* [*Petalograptus*] *palmeus* var. *latus*) GORTANI 1923, S. 3, Taf. 1, Fig. 3 (2).
1924 (*Diplograptus* [*Petalograptus*] *palmeus* var. *latus*) GORTANI 1924a, S. 407 (= [1] und [2]).
1925 (*Petalograptus palmeus* und var. *latus*) GORTANI 1925a, S. 173 (= [1] und [2]).
1925 (*Petalograptus palmeus*) GORTANI 1925a, S. 174, Fußnote 2 (3).
1925 (*Diplograptus palmeus*) GORTANI 1925b, S. 217 (= [3]).
v1931 (*Petalograptus palmeus*) HABERFELNER 1931a, S. 106, Taf. 3, Fig. 18 (nach H. FLÜGEL, unpubl. = *P. palmeus palmeus* [BARR.] + *P. palmeus clavatus* BOUČEK & PŘIBYL + *P. conicus* BOUČEK) (4).
1931 (*Petalograptus palmeus* cfr. var. *latus*) AIGNER 1931, S. 50 (5).
v1936 (*Diplograptus palmeus*) SEELMEIER 1936, S. 218, 225 (6).
1943 (*Petalograptus palmeus*) HERITSCH 1943, S. 97, 107, 109, 111, 113, 114, 115 + 116 (= Aufsammlung F. KAHLER, unpubl. = *P. conicus* BOUČEK nach H. FLÜGEL, unpubl. [7]), 132.
1943 (*Petalograptus palmeus* var. *latus*) HERITSCH 1943, S. 95, 111, 128, 141, 224.
1953 (*Petalolithus palmeus palmeus*) FLÜGEL 1953b, S. 25 (8).

Verbreitung: (1), (2), (7) Hochwipfel S, (3) Gundersheimer Alm, (4) Hochwipfel N, (6) Gugel, (8) Zollner See S, (Uggwagraben, Casera Meledis) (Karnische Alpen), (5) Lachtalgraben b. Fieberbrunn (Grauwackenzone).

Aufbewahrung: (1), (2) Museo geologico di Bologna, (3) Museo geologico di Pisa und Pavia, (4) ?, (5), (6), (7) Univ. Graz, Geol. Pal. Inst., (8) Landesmus. Klagenf., Geol. Pal. Abt.

Petalograptus tenuis (BARRANDE 1850)

*1850 (*Graptolithus palmeus* var. *tenuis*) BARRANDE 1850, S. 61, Taf. 3, Fig. 1, 2.
1923 (*Diplograptus* [*Petalograptus*] *palmeus* var. *tenuis*) GORTANI 1923, S. 4, Taf. 1, Fig. 4 (1).
1924 (*Diplograptus* [*Petalograptus*] *palmeus* var. *tenuis*) GORTANI 1924a, S. 407 (= Exempl. 1923).
1925 (*Petalograptus palmeus* var. *tenuis*) GORTANI 1925a, S. 173 (= Exempl. 1923).
1931 (*Petalograptus palmeus* var. *tenuis*) HABERFELNER 1931a, S. 107, Taf. 3, Fig. 19 (2).
1943 (*Petalograptus palmeus* var. *tenuis*) HERITSCH 1943, S. 109, 111, 115 + 116 (= Aufsammlung F. KAHLER, unpubl. = *P. palmeus clavatus* BOUČEK & PŘIBYL nach H. FLÜGEL, unpubl. [3]), 132.

Verbreitung: (1), (3) Hochwipfel S, (2) Hochwipfel N (Karnische Alpen).

Aufbewahrung: (1) Museo geologico di Bologna, ? (2), (3) Univ. Graz, Geol. Pal. Inst.

non *Petalograptus* sp.

v1932 (*Petalograptus* sp.) HABERFELNER & HERITSCH 1932a, S. 82.

v1932 (*Diplograptus* [*Petalograptus*] sp.) HABERFELNER & HERITSCH 1932a, S. 84, Abb. 4 (= S. 82).

v1935 (*Petalograptus* sp.) HABERFELNER 1935, S. 8 (= Exempl. 1932).

v1943 (*Petalograptus* sp.) HERITSCH 1943, S. 232.

Verbreitung: Weiritzgraben b. Eisenerz (Grauwackenzone).

Aufbewahrung: Univ. Graz, Geol. Pal. Inst.

Bemerkungen: Bei obigen Bestimmungen handelt es sich um undefinierbare, wohl anorganische Reste.

Genus: *Cephalograptus* HOPKINSON 1869.

Cephalograptus cometa cometa (GEINITZ 1852)

*1852 (*Diplograptus cometa*) GEINITZ 1852, S. 26, Taf. 1, Fig. 28.

v1936 (*Cephalograptus cometa*) HABERFELNER 1936a, S. 92.

1943 (*Cephalograptus cometa*) HERITSCH 1943, S. 101, 130.

Verbreitung: Saugraben E Gundersheimer Alm (Karnische Alpen).

Aufbewahrung: Univ. Graz, Geol. Pal. Inst.

Fam.: *Retiolitidae* LAPWORTH 1873.
Subfam.: *Retiolitinae* LAPWORTH 1873.
Genus: *Retiolites* BARRANDE 1850.

Retiolites geinitzianus geinitzianus BARRANDE 1850

*1850 (*Retiolites* [vel *Gladiolites*] *Geinitzianus*) BARRANDE 1850, S. 68, Taf. 4, Fig. 16—19, 24—33 (non Fig. 20—23).

1924 (*Retiolites*) GORTANI 1924b, S. 105 (1).

1925 (*Retiolites* [*Gladiograptus*] *Geinitzianus*) GORTANI 1925a, S. 173 (1).

1925 (*Retiolites Geinitzianus*) GORTANI 1925a, S. 173 (1).

1926 (*Retiolites* [*Gladiograptus*] *geinitzianus*) GORTANI 1926, S. 8, Taf. 2, Fig. 1, 2 (2).

1930 (*Retiolites geinitzianus*) GAERTNER 1930, S. 192 (3).

1931 (*Retiolites geinitzianus*) GAERTNER 1931, S. 132 (= Exempl. 1930).

v non 1934 (*Retiolites geinitzianus*) PELTZMANN 1934a, S. 209 (= *Retiolites geinitzianus angustidens* E. & W. nach H. FLÜGEL, unpubl.) (4).

1936 (*Retiolites geinitzianus*) HERITSCH 1936 b, S. 503 (= Exempl. 1930).

1936 (*Retiolites geinitzianus*) SEELMEIER 1936, S. 221 (5).

1943 (*Retiolites geinitzianus*) HERITSCH 1943, S. 14, 63, 93, 98, 103, 104, 105, 106, 145, 146, 147.

1950 (*Retiolites geinitzianus*) GORTANI 1950, S. 27 (= Exempl. 1930).

Verbreitung: (1), (2), (4) Dellacher Alm am Zollner, (3) Cellonetta, (5) Gugel, (Uggwagraben, Kokberg) (Karnische Alpen).

Aufbewahrung: (1), (2) Museo geologico di Bologna, (3) Univ. Göttingen, Geol. Pal. Inst., (4), ? (5) Univ. Graz, Geol. Pal. Inst.

Retiolites geinitzianus angustidens ELLES & WOOD 1908

*1908 (*Retiolites* [*Gladiograptus*] *geinitzianus* var. *angustidens*) ELLES & WOOD 1908, S. 338, Taf. 34, Fig. 9a—c.

v1934 (*Retiolites geinitzianus* var. *angustidens*) PELTZMANN 1934a, S. 209.

1943 (*Retiolites geinitzianus angustidens*) HERITSCH 1943, S. 104, 105, 145, 147.

Verbreitung: Dellacher Alm am Zollner (Karnische Alpen).
Aufbewahrung: Univ. Graz, Geol. Pal. Inst.

Genus: *Stomatograptus* TULLBERG 1883.

Stomatograptus grandis imperfectus BOUCEK & MÜNCH 1943

v1934 (*Stomatograptus* sp. [nov. sp.?]) PELTZMANN 1934a, S. 201, Taf. 1, Fig. 1 (siehe BOUČEK & MÜNCH 1943, S. 46 und PŘIBYL 1948b, S. 26).

*1943 (*Retiolites* [*Stomatograptus*] *grandis imperfectus*) BOUČEK & MÜNCH 1943, S. 46, Taf. 3, Fig. 6, Abb. 15a—d, 17e—f.

Verbreitung: Dellacher Alm am Zollner (Karnische Alpen).
Aufbewahrung: Univ. Graz, Geol. Pal. Inst., Inv. Nr. 1590, 1591.

Fam.: *Monograptidae* LAPWORTH 1873.
Subfam.: *Monograptinae* LAPWORTH 1873.
Genus: *Monograptus* GEINITZ 1852.
Subgenus: *Monograptus* (*Monograptus*) GEINITZ 1852.

Monograptus (*Monograptus*) *becki* (BARRANDE 1850)

*1850 (*Graptolithus Becki*) BARRANDE 1850, S. 50, Taf. 3, Fig. 14—15, 16? (non Fig. 17—18).

non 1923 (*Monograptus Becki*) GORTANI 1923, S. 12, Taf. 1, Fig. 21,
22 (= *Monograptus* [*Streptograptus*] *pseudobecki:* siehe
BOUČEK & PŘIBYL 1942b, S. 18, und PŘIBYL 1948b, S. 27)
(1).

non 1924 (*Monograptus Becki*) GORTANI 1924a, S. 407 (= Exempl.
1923).

non 1931 (*Monograptus Becki*) HABERFELNER 1931a, S. 133, Taf. 2,
Fig. 3a, b (2) (= *Monograptus* [*Str.*] *pseudobecki:* siehe
H. FLÜGEL 1953b, S. 24).

v non 1932 (*Monograptus Becki*) SEELMEIER 1932, S. 261 (= *Monograptus* [*Str.*] *pseudobecki:* siehe H. FLÜGEL 1953b, S. 24)
(3).

v non 1936 (*Monograptus Becki*) SEELMEIER 1936, S. 218, 219, 220, 221
(= Exempl. 1932).

v?1936 (*Monograptus Becki*) HERITSCH 1936a, S. 148 (4).

1943 (*Monograptus becki*) HERITSCH 1943, S. 75, 108, 109, 112,
141, 145.

non 1950 (*Monograptus becki*) GORTANI 1950, S. 14 (= Exempl. 1923,
1932).

1963 (*Monograptus becki*) KAHLER & PREY 1963, S. 13 (= Exempl.
HERITSCH 1936a).

Verbreitung: (1) Hochwipfel S, (2) Hochwipfel N, (3) Gugel,
(4) Eggeralm Straße (Karnische Alpen).

Aufbewahrung: (1) Museo geologico di Bologna, ? (2), (3)—(4)
Univ. Graz, Geol. Pal. Inst.

Monograptus (Monograptus) cf. clingani (CARRUTHERS 1868)

*1868 (*Graptolithus Clingani*) CARRUTHERS 1868, S. 127, Taf. 5,
Fig. 19a, b.

1931 (*Monograptus* cf. *Clingani*) HABERFELNER 1931a, S. 140,
Taf. 2, Fig. 12 (1).

v non 1932 (*Monograptus* cfr. *Clingani*) HABERFELNER & HERITSCH
1932a, S. 82, 88, Abb. 3 (2).

v non 1935 (*Monograptus* cf. *clingani*) HABERFELNER 1935, S. 8
(= Exempl. 1932).

1943 (*Monograptus clingani*) HERITSCH 1943, S. 110, 116, 128,
132, 141, 144, 232. (116 = Aufsammlung F. KAHLER, unpubl. [3]).

Verbreitung: (1) Hochwipfel N, (3) Hochwipfel S (Karnische
Alpen), (2) Weiritzgraben b. Eisenerz (Grauwackenzone).

Aufbewahrung: (1), (2), (3) Univ. Graz, Geol. Pal. Inst.

Monograptus (Monograptus) crinitus crinitus WOOD 1900

*1900 (*Monograptus crinitus*) WOOD 1900, S. 480, Taf. 25, Fig.
3a—c, Abb. 298a—c.

v non 1932 (*Monograptus* cf. *crinitus*) HABERFELNER & HERITSCH 1932a, S. 81, 85, Abb. 1, 2 (1).

v non 1935 (*Monograptus* cf. *crinitus*) HABERFELNER 1935, S. 8 (= Exempl. 1932).

v1936 (*Cyrtograptus* [*Barrandeograptus*] *pseudocarruthersi*) HABERFELNER 1936a, S. 89 (siehe PŘIBYL 1948b, S. 37, BOUČEK & PŘIBYL 1953, S. 18, JAEGER 1959, S. 138). (2).

v1936 (*Cyrtograptus* [*Barrandeograptus*] *pseudocarruthersi*) HABERFELNER 1936b, S. 214 (= Exempl. 1936a).

v1943 (*Monograptus crinitus*) HERITSCH 1943, S. 102, 106 (= Material HABERFELNER [3]), 164, 232.

v1943 (*Barrandeograptus pseudocarruthersi*) HERITSCH 1943, S. 102, 164.

1963 (*Globosograptus crinitus*) H. FLÜGEL in KAHLER & PREY 1963, S. 18 (4).

Verbreitung: (1) Weiritzgraben b. Eisenerz (Grauwackenzone), (2) Bischofalm N, (3) Zollner, (4) Tomritsch (Karnische Alpen).

Aufbewahrung: (1)—(3) Univ. Graz, Geol. Pal. Inst., (4) Geol. Bundesanst. Wien.

Monograptus (? Monograptus) distans (PORTLOCK 1843)

*1843 (*Graptolithus* [*Prionotus*] *Sedgwicki* var. *distans*) PORTLOCK 1843, S. 319, Taf. 19, Fig. 4a.

v non 1931 (*Monograptus distans*) HABERFELNER 1931a, S. 123, Taf. 1, Fig. 17 (nach H. FLÜGEL, unpubl. = *Monograptus* [*Monograptus*] sp. non *Monograptus distans*).

v non 1943 (*Monograptus distans*) HERITSCH 1943, S. 109, 130, 132.

Verbreitung: Hochwipfel N (Karnische Alpen).

Aufbewahrung: Univ. Graz, Geol. Pal. Inst.

Monograptus (Monograptus) flemmingi flemmingi (SALTER 1852)

*1852 (*Graptolithus Flemmingi*) SALTER 1852, S. 390, Taf. 21, Fig. 5a, b, 6, 7a, b.

1936 (*Monograptus flemingi*) HAIDEN 1936, S. 135 (= Exempl. 1937).

1936 (*Monograptus flemingi*) HERITSCH 1936c, S. 222 (= Exempl. 1937).

1937 (*Monograptus flemingi*) PELTZMANN in FRIEDRICH & PELTZMANN 1937, S. 248 (1).

1943 (*Monograptus flemingi*) HERITSCH 1943, S. 227.

?1963 (*Monograptus* cf. *flemingi*) H. FLÜGEL in KAHLER & PREY 1963, S. 18 (2).

Verbreitung: (1) Entachenalm b. Saalfelden (Grauwacken-zone), (2) Tomritsch (Karnische Alpen).

Aufbewahrung: (1) ? Univ. Graz, Geol. Pal. Inst., (2) Geol. Bundesanst. Wien.

Monograptus (Monograptus) flemmingi primus
ELLES & WOOD 1913

*1913 (*Monograptus flemmingi* var. *primus*) ELLES & WOOD 1913, S. 426, Taf. 42, Fig. 6a—d, Abb. 288.

v1934 (*Monograptus flemingi* var. *primus*) PELTZMANN 1934a, S. 203, Taf. 1, Fig. 7 (1).

v1937 (*Monograptus flemingi* var. *primus*) PELTZMANN in FRIED-RICH & PELTZMANN 1937, S. 248 (2).

v1943 (*Monograptus flemingi* var. *primus*) HERITSCH 1943, S. 102 (= Material HABERFELNER Bischofalm N, [3]), 104, 105, 106, 153, 164, 165.

Verbreitung: (1) Dellacher Alm am Zollner, (3) Bischofalm N (Karnische Alpen), (2) Entachenalm b. Saalfelden (Grauwacken-zone).

Aufbewahrung: (1), (2), (3) Univ. Graz, Geol. Pal. Inst.

Monograptus (Monograptus) flexilis belophorus
(MENEGHINI 1857)

*1857 (*Graptolithus [Monograpsus] belophorus*) MENEGHINI 1857 ex parte, S. 165, Taf. B, Fig. 4b, II, 4, 4a (siehe PŘIBYL 1942c, S. 5).

v1937 (*Monograptus belophorus*) PELTZMANN in FRIEDRICH & PELTZ-MANN 1937, S. 248, Abb. 2.

1943 (*Monograptus belophorus*) HERITSCH 1943, S. 227.

Verbreitung: Entachenalm b. Saalfelden (Grauwackenzone).

Aufbewahrung: Univ. Graz, Geol. Pal. Inst.

Monograptus (Monograptus) galaensis LAPWORTH 1876

*1876 (*Monograptus galaensis*) LAPWORTH 1876, S. 356, Taf. 12, Fig. 5a—d.

v1931 (*Monograptus galaensis*) HABERFELNER 1931a, S. 119, Taf. 1, Fig. 13a, b (nach H. FLÜGEL, unpubl. indet.) (1).

v1934 (*Monograptus galaensis*) PELTZMANN 1934a, S. 209 (nach H. FLÜGEL, unpubl. indet.) (2).

v1943 (*Monograptus galaensis*) HERITSCH 1943, S. 105, 109, 115 (= Material KAHLER Hochwipfel S, nach H. FLÜGEL, unpubl. indet. [3]), 142, 144, 145.

v1950 (*Monograptus galaensis*) GORTANI 1950, S. 27 (= Exempl. 1934).

Verbreitung: (1) Hochwipfel N, (3) Hochwipfel S, (2) Del-lacher Alm am Zollner (Karnische Alpen).

Aufbewahrung: (1), (2), (3) Univ. Graz, Geol. Pal. Inst.

Monograptus (Monograptus) gustavae gustavae PELTZMANN 1934

*v1934 (*Monograptus gustavae*) PELTZMANN 1934a, S. 204, Taf. 1,
  Fig. 8.
v1943 (*Monograptus gustavae*) HERITSCH 1943, S. 105, 147.

Typus: Holotypus kraft ursprünglicher Bestimmung ist das
von PELTZMANN 1934a, Taf. 1, Fig. 8, abgebildete Exemplar, Univ.
Graz, Geol. Pal. Inst., Inv. Nr. 1631.

Locus typicus: Obere Dellacher Alm am Zollner (Karnische
Alpen).

Stratum typicum: Zone 25 nach ELLES & WOOD.

Verbreitung und Aufbewahrung: Siehe Typus.

Monograptus (Monograptus) gustavae tariccoiforme PELTZMANN 1934

*v1934 (*Monograptus gustavae* var. *tariccoiforme*) PELTZMANN
  1934a, S. 205, Taf. 1, Fig. 9a, b.
1943 (*Monograptus gustavae* var. *tariccoiformis*) HERITSCH 1943,
  S. 105, 147.

Typus: Holotypus kraft ursprünglicher Bestimmung ist das
von PELTZMANN 1934a, Taf. 1, Fig. 9a, abgebildete Exemplar.

Locus typicus: Obere Dellacher Alm am Zollner (Karnische
Alpen).

Stratum typicum: Zone 25 nach ELLES & WOOD.

Verbreitung: Siehe Typus.

Aufbewahrung: Univ. Graz, Geol. Pal. Inst., Inv. Nr. 1588.

Monograptus (Monograptus) halli halli (BARRANDE 1850)

*1850 (*Graptolithus Halli*) BARRANDE 1850, S. 48, Taf. 2, Fig. 12
  bis 13.
1923 (*Monograptus Halli*) GORTANI 1923, S. 9, Taf. 1, Fig. 18,
  Abb. 2 (1).
1924 (*Monograptus Halli*) GORTANI 1924a, S. 407 (= Exempl.
  1923).
1925 (*Monograptus Halli*) GORTANI 1925a, S. 174 (= Exempl.
  1923).
1930 (*Monograptus halli*) GAERTNER 1930, S. 192 (2).
1931 (*Monograptus halli*) GAERTNER 1931, S. 132 (= Exempl.
  1930).
v1931 (*Monograptus Halli*) HABERFELNER 1931a, S. 128, Taf. 1,
  Fig. 22a, b (nach H. FLÜGEL, unpubl. = *M.* [*M.*] cf. *halli
  halli*) (3).
v1931 (*Monograptus Halli*) AIGNER 1931, S. 43, Abb. 14a, b (4).
1936 (*Monograptus halli*) HERITSCH 1936b, S. 503 (= Exempl.
  1930).

1943 (*Monograptus halli*) HERITSCH 1943, S. 63, 100, 109, 112,
116 + 117 (5) (= Material KAHLER Hochwipfel S, nach
H. FLÜGEL unpubl. = M. [*M.*] *halli halli* + *Pristiograptus*
[*Pristiograptus*] *nudus nudus* [LAPWORTH]), 130, 132, 140,
141, 142, 224.
1950 (*Monograptus halli*) GORTANI 1950, S. 27 (= Exempl. 1930).

Verbreitung: (1), (5) Hochwipfel S ,(3) Hochwipfel N, (2) Cellonetta (Karnische Alpen), (4) Lachtalgraben b. Fieberbrunn (Grauwackenzone).

Aufbewahrung: (1) Museo geologico di Bologna, (2) Univ.
Göttingen, Geol. Pal. Inst., (3), (4), (5) Univ. Graz, Geol. Pal.
Inst.

Monograptus (Monograptus) halli intermedius GORTANI 1920

*1920 (*Monograptus* cfr. *Halli*) GORTANI 1920, S. 40, Taf. 3, Fig. 14
(im Text, S. 41 ,,*Monograptus Halli* var. *intermedius* nobis")
(1).
1923 (*Monograptus Halli* var. *intermedius*) GORTANI 1923, S. 10,
Abb. 3, 4 (2).
1924 (*Monograptus M'Coyi* [LAPW. ?] ELLES & WOOD) GORTANI
1924a, S. 407 (= M. [*M.*] *halli intermedius* = Exempl. 1923).
1925 (*Monograptus Halli* var. *intermedius*) GORTANI 1925a,
S. 174 (= Exempl. 1923).
v1936 (*Monograptus halli* var. *intermedius*) SEELMEIER 1936,
S. 222, Abb. 3 (3).
1943 (*Monograptus halli* var. *intermedia*) HERITSCH 1943, S. 108,
112, 142.

Typus: Holotypus durch Monotypie ist das von GORTANI
1920, Taf. 3, Fig. 14, abgebildete Exemplar.

Stratum typicum: Zone 21—22 nach ELLES & WOOD.

Locus typicus: Nölblinggraben, Fundort IIb GORTANIS.

Verbreitung: (1) Nölblinggraben, (2) Hochwipfel S, (3) Gugel
(Karnische Alpen).

Aufbewahrung: (1) Museo geologico di Pisa, (2) Museo geologico di Bologna ,(3) Univ. Graz, Geol. Pal. Inst.

Monograptus (Monograptus) holmi PERNER 1897

*1897 (*Monograptus Holmi*) PERNER 1897, S. 21, Taf. 11, Fig. 7—9.
1920 (*Monograptus Holmi*) GORTANI 1920, S. 37, Taf. 3, Fig. 2, 3.
1943 (*Monograptus holmi*) HERITSCH 1943, S. 100, 142.

Verbreitung: Nölblinggraben (Karnische Alpen).
Aufbewahrung: Museo geologico di Pisa.

Monograptus (Monograptus) jaekeli PERNER 1899

*1899 (*Monograptus Jaekeli*) PERNER 1899, S. 4, Taf. 15, Fig. 1,
6—10, 20, 22, 24, 27, Abb. 5—8 (nach PŘIBYL 1948b,
S. 32: ? syn. *M.* [*M.*] *priodon priodon* [BRONN]).
1943 (*Monograptus jaekeli*) HERITSCH 1943, S. 106.

Verbreitung: Dellacher Alm am Zollner (Karnische Alpen).
Aufbewahrung: ? Univ. Graz, Geol. Pal. Inst.

Monograptus (Monograptus) cf. jaekeli PERNER 1899

1923 (*Monograptus cfr. Jaekeli*) GORTANI 1923, S. 7, Abb. 1 (1).
1924 (*Monograptus cfr. Jaekeli*) GORTANI 1924a, S. 407 (= Exempl.
1923).
1925 (*Monograptus cf. Jaekeli*) GORTANI 1925a, S. 174, Fußn. 2
(2).
1925 (*Monograptus cfr. Jaeckeli*) GORTANI 1925b, S. 218
(= Exempl. 1925a).
1943 (*Monograptus cf. jaekeli*) HERITSCH 1943, S. 107, 112,
142.

Verbreitung: (1) Hochwipfel S, (2) Gundersheimer Alm
(Karnische Alpen).
Aufbewahrung: (1) Museo geologico di Bologna, (2) Museo
geologico di Pisa (oder ? Pavia).

Monograptus (Monograptus) lobiferus lobiferus (MC COY 1850)

*1850 (*Graptolites lobiferus*) Mc COY 1850, S. 270.
v1930 (*Monograptus lobiferus*) AIGNER 1930, S. 222 (det. HABER-
FELNER) (1).
1931 (*Monograptus lobiferus*) AIGNER 1931, S. 45, Abb. 17a, b
(= Exempl. 1930).
v non 1931 (*Monograptus lobiferus*) HERITSCH 1931b, S. 233 (2).
1931 (*Monograptus lobiferus*) HABERFELNER 1931a, S. 130, Taf. 1,
Fig. 24a, b (3).
v non 1935 (*Monograptus lobiferus*) HABERFELNER 1935, S. 8
(= Exempl. [2]).
1936 (*Monograptus lobiferus*) HABERFELNER 1936a, S. 92 (4).
v1936 (*Monograptus lobiferus*) SEELMEIER 1936, S. 218 (5).
non 1936 (*Monograptus lobiferus*) HAIDEN 1936, S. 135 (irrtümliche
Anführung nach HERITSCH 1936c, S. 222, und PELTZMANN
1936, S. 224).
1943 (*Monograptus lobiferus*) HERITSCH 1943, S. 101, 108, 109,
117 (= Material KAHLER Hochwipfel S = *M.* [*M.*] *runcinatus
runcinatus* [LAPW.] nach H. FLÜGEL unpubl. [6]), 128, 132,
140, 223, 224.
v1950 (*Monograptus lobiferus*) GORTANI 1950, S. 26 (= Exempl.
[5]).

Verbreitung: (1) Lachtalgraben b. Fieberbrunn, (2) Sauer-brunngraben b. Eisenerz (Grauwackenzone), (3) Hochwipfel N, (6) Hochwipfel S, (4) Saugraben E, Gundersheimer Alm, (5) Gugel (Karnische Alpen).

Aufbewahrung: (1), (2), ? (3), ? (4), (5), (6) Univ. Graz, Geol. Pal. Inst.

Monograptus (Monograptus) lobiferus bulgaricus HABERFELNER 1929

1929 (*Monograptus lobiferus* var. *alpha*) HABERFELNER 1929, S. 145, Taf. 1, Fig. 12a—d.

v1931 (*Monograptus lobiferus* var. *alpha*) AIGNER 1931, S. 46, Abb. 18a, b (1).

*v1931 (*Monograptus lobiferus* var. *bulgaricus*) HABERFELNER 1931a, S. 131, Taf. 1, Fig. 25a—c, Taf. 2, Fig. 1 (2).

v1936 (*Monograptus lobiferus* var. *bulgaricus*) SEELMEIER 1936, S. 218 (3).

1943 (*Monograptus lobiferus* var. *bulgaricus*) HERITSCH 1943, S. 108, 109, 111, 116 (=Material KAHLER Hochwipfel S [4]), 128, 131, 132, 142, 224.

1953 (*Monograptus [Monograptus] lobiferus bulgaricus*) FLÜGEL 1953b, S. 24 (5).

Verbreitung: (1) Lachtalgraben b. Fieberbrunn (Grauwacken-zone), (2) Hochwipfel N, (4) Hochwipfel S, (3) Gugel, (5) Zollner See S (Karnische Alpen).

Aufbewahrung: (1), (2), (3), ? (4) Univ. Graz, Geol. Pal. Inst., (5) Landesmus. Klagenfurt, Geol. Pal. Abt.

Monograptus (Monograptus) marri PERNER 1897

*1897 (*Monograptus Marri*) PERNER 1897, S. 21, Taf. 11, Fig. 5, 6, 10, 11, Abb. 23—25.

1923 (*Monograptus Marri*) GORTANI 1923, S. 7, Taf. 1, Fig. 11—13 (1).

1924 (*Monograptus Marri*) GORTANI 1924a, S. 407 (=Exempl. 1923).

1925 (*Monograptus Marri*) GORTANI 1925a, S. 173, 174 (=Exempl. 1926), S. 174, Fußn. 1(2).

1926 (*Monograptus Marri*) GORTANI 1926, S. 13, Taf. 2, Fig. 11 (3).

1930 (*Monograptus marri*) GAERTNER 1930, S. 192 (4).

1931 (*Monograptus marri*) GAERTNER 1931, S. 132 (=Exempl. 1930).

1932 (*Monograptus marri*) SEELMEIER 1932, S. 261 (=Exempl. [2]).

1934 (*Monograptus marri*) PELTZMANN 1934a, S. 209 (5).

1936 (*Monograptus marri*) HERITSCH 1936b, S. 503 (= Exempl. 1930).
1943 (*Monograptus marri*) HERITSCH 1943, S. 63, 103, 104, 105, 108, 112, 115 + 117 (= Material KAHLER Hochwipfel S [6]), 142, 145, 146.
1950 (*Monograptus marri*) GORTANI 1950, S. 27 (= Exempl. [1], [3], [4], [5]).

Verbreitung: (1), (6) Hochwipfel S, (2) Gugel, (3), (5) Dellacher Alm am Zollner, (4) Cellonetta (Karnische Alpen).
Aufbewahrung: (1), (2), (3) Museo geologico di Bologna, (4) Univ. Göttingen, Geol. Pal. Inst., (5) ?, (6) Univ. Graz, Geol. Pal. Inst.

Monograptus (Monograptus) mc. coyi LAPWORTH 1877

*1877 (*Monograptus Mc. Coyi*) LAPWORTH 1877, S. 130, Taf. 6, Fig. 2.
v non 1931 (*Monograptus M'Coyi*) AIGNER 1931, S. 45, Abb. 16 (= ? M. [*M.*] *halli intermedius* GORTANI) (1).
1931 (*Monograptus* cf. *Mc. Coyi*) HABERFELNER 1931a, S. 129, Taf. 1, Fig. 23 (2).
1936 (*Monograptus mc. coyi*) SEELMEIER 1936, S. 218 (3).
1943 (*Monograptus maccoyi*) HERITSCH 1943, S. 108, 110, 115, 131, 132, 142, 143, 224.

Verbreitung: (1) Lachtalgraben b. Fieberbrunn (Grauwackenzone), (2) Hochwipfel N, (3) Gugel (Karnische Alpen).
Aufbewahrung: (1), ? (2), ? (3) Univ. Graz, Geol. Pal. Inst.

Monograptus (Monograptus) millipeda (MC COY 1850)

*1850 (*Graptolites millipeda*) Mc COY 1850, S. 270.
1931 (*Monograptus millipeda*) HABERFELNER 1931a, S. 141, Taf. 2, Fig. 13a—c (1).
1940 (*Monograptus millipeda*) HERITSCH 1940, S. 104 (= Exempl. 1931).
1943 (*Monograptus millipeda*) HERITSCH 1943, S. 14, 93, 109, 111, 117 (= Material KAHLER Hochwipfel S [2]), 128.

Verbreitung: (1) Hochwipfel N, (2) Hochwipfel S, (Uggwagraben) (Karnische Alpen).
Aufbewahrung: ? (1), (2) Univ. Graz, Geol. Pal. Inst.

Monograptus (Monograptus) pandus LAPWORTH 1877

*1877 (*Monograptus lobiferus* var. *pandus*) LAPWORTH 1877, S. 129, Taf. 6, Fig. 3a—c.

3

?1930 (*Monograptus* cf. *pandus*) GAERTNER 1930, S. 192 (1).
?1931 (*Monograptus* cf. *pandus*) GAERTNER 1931, S. 132 (= Exempl.
  1930).
v1931 (*Monograptus pandus*) AIGNER 1931, S. 42, Abb. 13 (2).
 1936 (*Monograptus pandus*) HERITSCH 1936b, S. 503 (= Exempl.
  1930).
 1943 (*Monograptus pandus*) HERITSCH 1943, S. 63, 115 (= Material KAHLER Hochwipfel S = *M*. [*M*.] *priodon priodon*
  [BRONN] nach H. FLÜGEL, unpubl. [3]), 142, 224.
?1950 (*Monograptus* cfr. *pandus*) GORTANI 1950, S. 27 (= Exempl.
  1930).

Verbreitung: (1) Cellonetta, (3) Hochwipfel S (Karnische
Alpen), (2) Lachtalgraben b. Fieberbrunn (Grauwackenzone).
Aufbewahrung: (1) Univ. Göttingen, Geol. Pal. Inst., (2), (3)
Univ. Graz, Geol. Pal. Inst.

Monograptus (Monograptus) cf. parapriodon BOUČEK 1931

*1931 (*Monograptus parapriodon*) BOUČEK 1931, S. 297, 309,
  Abb. 4a, b.
 1934 (*Monograptus* cf. *parapriodon*) PELTZMANN 1934a, S. 203,
  Taf. 1, Fig. 5.
 1943 (*Monograptus parapriodon*) HERITSCH 1943, S. 105, 106, 114,
  142, 144, 146, 147, 169.

Verbreitung: Dellacher Alm am Zollner. Von HERITSCH 1943,
S. 169, wird außerdem Hochwipfel S angegeben (?) (Karnische
Alpen).
Aufbewahrung: ? Univ. Graz, Geol. Pal. Inst.

Monograptus (Monograptus) priodon priodon (BRONN 1834)

*1834 (*Lomatoceras priodon*) BRONN 1834, S. 56, Taf. 1, Fig. 13.
 1923 (*Monograptus priodon*) GORTANI 1923, S. 6, Taf. 1, Fig. 9,
  10 (1).
 1924 (*Monograptus priodon*) GORTANI 1924a, S. 407 (= Exempl.
  1923).
 1925 (*Monograptus priodon*) GORTANI 1925a, S. 173 (2), S. 174
  (= Exempl. 1923), S. 174, Fußn. 1 (3), Fußn. 2 (4).
 1925 (*Monograptus priodon*) GORTANI 1925b, S. 217 (= [4]).
 1926 (*Monograptus priodon*) GORTANI 1926, S. 12, Taf. 2, Fig.
  8—10 (= Exempl. [2]).
 1930 (*Monograptus priodon*) GAERTNER 1930, S. 192 (5).
 1931 (*Monograptus priodon*) GAERTNER 1931, S. 132, 133
  (= Exempl. 1930).
v1931 (*Monograptus priodon*) AIGNER 1931, S. 40, Abb. 11 (6).

vnon 1931 (*Monograptus priodon*) HABERFELNER 1931a, S. 121, Taf. 1,
Fig. 15a, b (15a = *M*. [*M*.] *sedgwickii sedgwickii* [PORT-
LOCK], 15b = *M*. [*M*.] *priodon halli* [BARRANDE] nach
H. FLÜGEL, unpubl.) (7).
1932 (*Monograptus priodon*) SEELMEIER 1932, S. 261 (= [3]).
v1934 (*Monograptus priodon*) PELTZMANN 1934a, S. 209 (8).
v1936 (*Monograptus priodon*) SEELMEIER 1936, S. 221 (9).
1936 (*Monograptus priodon*) HERITSCH 1936a, S. 64 (= Exempl.
1930).
1936 (*Monograptus priodon*) HERITSCH 1936b, S. 503 (= Exempl.
1930).
?1937 (*Monograptus priodon?*) PELTZMANN 1937, S. 127 (10).
1943 (*Monograptus priodon*) HERITSCH 1943, S. 15, 16, 63, 67, 98,
103, 104, 105, 106, 107, 108, 109, 111, 112, 142, 144, 145,
147, 153, 157, 224, 234; 115, 117 (= Material KAHLER Hochwipfel S [11]).
1950 (*Monograptus priodon*) GORTANI 1950, S. 10, 27 (= [1]—[5],
[7]—[9]).
1965 (*Monograptus priodon*) MOSTLER 1965, S. 165 (12).

Verbreitung: (1), (11) Hochwipfel S, (7) Hochwipfel N, (2),
(8) Dellacher Alm, (3), (9) Gugel, (4) Gundersheimer Alm, (5) Cello-
netta, (Kokberg) (Karnische Alpen); (6), (12) Lachtalgraben b. Fieber-
brunn, (10) Kaskögerl b. Veitsch (Grauwackenzone).
Aufbewahrung: (1), (2) Museo geologico di Bologna, (3), (4)
Museo geologico di Pisa (? Pavia), (5) Univ. Göttingen, Geol.
Pal. Inst., (6)—(9), (11) Univ. Graz, Geol. Pal. Inst., (10) ? Univ.
Graz, Geol. Pal. Inst., (12) Univ. Innsbruck, Geol. Pal. Inst.

Monograptus (Monograptus) priodon validus PERNER 1899

*1899 (*Monograptus priodon* var. *validus*) PERNER 1899, S. 3,
Taf. 15, Fig. 3, 14, 15, 23, 25, Abb. 4.
v1931 (*Monograptus priodon* var. *validus*) AIGNER 1931, S. 41,
Abb. 12 (1).
vnon 1931 (*Monograptus priodon* var. *validus*) HABERFELNER 1931a,
S. 122, Taf. 1, Fig. 16 (= *M*. [*M*.] *priodon priodon* nach
H. FLÜGEL, unpubl.) (2).
1936 (*Monograptus priodon* var. *validus*) SEELMEIER 1936, S. 218
(3).
1943 (*Monograptus priodon* var. *validus*) HERITSCH 1943, S. 108,
110, 111, 142, 144, 145, 224.

Verbreitung: (1) Lachtalgraben b. Fieberbrunn (Grauwackenzone), (2) Hochwipfel N, (3) Gugel (Karnische Alpen).
Aufbewahrung: (1), (2), ? (3) Univ. Graz, Geol. Pal. Inst.

Monograptus (Monograptus) probelophorus PELTZMANN 1934

*1934 (*Monograptus probelophorus*) PELTZMANN 1934a, S. 205,
Taf. 1, Fig. 11a, b, 12, 13.
 1943 (*Monograptus probelophorus*) HERITSCH 1943, S. 105, 106,
145, 146, 147, 151, 157.

Typus: Holotypus kraft ursprünglicher Bestimmung ist das
von PELTZMANN 1934, Taf. 1, Fig. 11a, abgebildete Exemplar,
Univ. Graz, Geol. Pal. Inst., Inv. Nr. 1585.
Locus typicus: Obere Dellacher Alm am Zollner (Karnische
Alpen).
Stratum typicum: Zone 25 nach ELLES & WOOD.
Verbreitung und Aufbewahrung: Siehe Typus.

Monograptus (Monograptus) riccartonensis LAPWORTH 1876

*1876 (*Monograptus Riccartonensis*) LAPWORTH 1876, S. 355, Taf.
13, Fig. 2a—e.
 v1934 (*Monograptus riccartonensis*) PELTZMANN 1934a, S. 204,
Taf. 1, Fig. 6 (1).
 1936 (*Monograptus riccartonensis*) HAIDEN 1936, S. 135
(= Exempl. 1937).
 1936 (*Monograptus riccartonensis*) HERITSCH 1936c, S. 222
(= Exempl. 1937).
 1937 (*Monograptus riccartonensis*) PELTZMANN in FRIEDRICH
& PELTZMANN 1937, S. 248 (2).
 1943 (*Monograptus riccartonensis*) HERITSCH 1943, S. 104, 105,
106, 147, 151, 152, 227, 228.

Verbreitung: (1) Dellacher Alm am Zollner (Karnische Alpen),
(2) Entachenalm b. Saalfelden (Grauwackenzone).
Aufbewahrung: (1), ? (2) Univ. Graz, Geol. Pal. Inst.

Monograptus (Monograptus) sedgwickii (PORTLOCK 1843)

*1843 (*Graptolithus [Prionotus] Sedgwickii*) PORTLOCK 1843, S. 318,
Taf. 19, Fig. 1.
 1931 (*Monograptus Sedgwicki*) HABERFELNER 1931a, S. 127,
Taf. 1, Fig. 21a, b (1).
 1943 (*Monograptus sedgwicki*) HERITSCH 1943, S. 110, 114, 116
(= Material KAHLER Hochwipfel S = *M.* [*M.*] *halli halli*
[BARR.] nach H. FLÜGEL, unpubl. [2]), 130, 132, 141.

Verbreitung: (1) Hochwipfel N, (2) Hochwipfel S (Karnische
Alpen).
Aufbewahrung: ? (1), (2) Univ. Graz, Geol. Pal. Inst.

Monograptus (Monograptus) tariccoi GORTANI 1922

*1922 (*Monograptus Tariccoi*) GORTANI 1922, S. 55, Taf. 10,
Fig. 1a, b, 2, Taf. 12, Fig. 15a.
 1931 (*Monograptus Tariccoi*) HABERFELNER 1931b, S. 887 (1).

v1932 (*Monograptus Tariccoi*) HABERFELNER 1932a, S. 37 (2).
v1933 (*Monograptus tariccoi*) HABERFELNER 1933, S. 299, Taf. 1,
  Fig. 2a, b (= Exempl. 1932).
?1934 (*Monograptus* cf. *tariccoi*) PELTZMANN 1934a, S. 205, Taf. 1,
  Fig. 10 (3).
  1943 (*Monograptus tariccoi*) HERITSCH 1943, S. 102, 104, 105, 106,
  154, 157.
  Verbreitung: (1) Bischofalm N, (2) Colendiaul, (3) Dellacher
Alm am Zollner (Karnische Alpen).
  Aufbewahrung: (1) ?, (2), (3) ? Univ. Graz, Geol. Pal. Inst.

(*Monograptus* [*Monograptus*] *tariccoi primus* PELTZMANN 1934)
v1934 (*Monograptus flemingi* var. *primus*) PELTZMANN 1934a,
  S. 203, Taf. 1, Fig. 7.
v1943 (*Monograptus tarricoi* var. *primus* PELTZMANN) HERITSCH
  1943, S. 146, 151, 157 (irrtümliche Angabe bei HERITSCH).
  Verbreitung: Dellacher Alm am Zollner.
  Aufbewahrung: Univ. Graz, Geol. Pal. Inst.
  Bemerkungen: Siehe *Monograptus* (*M.*) *flemmingi primus*
ELLES & WOOD.

Monograptus (Monograptus) uncinatus TULLBERG 1883

*1883 (*Monograptus uncinatus*) TULLBERG 1883, S. 30, Taf. 1,
  Fig. 24, 25.
  1920 (*Monograptus uncinatus*) GORTANI 1920, S. 38, 53, Taf. 3,
  Fig. 4—7 (1).
  1925 (*Monograptus uncinatus*) GORTANI 1925a, S. 173 (= Exempl.
  1920).
  1926 (*Monograptus uncinatus*) GORTANI 1926, S. 6 (= Exempl.
  1920).
  1932 (*Monograptus uncinnatus*) HABERFELNER 1932b, S. 134 (2).
  1943 (*Monograptus uncinnatus*) HERITSCH 1943, S. 102, 106, 107,
  154, 164.
  Verbreitung: (1) Gundersheimer Alpe, (2) Bischofalm N,
? Dellacher Alm am Zollner (HERITSCH 1943, S. 106).
  Aufbewahrung: (1) Museo geologico di Pisa (? Pavia), (2)
? Univ. Graz, Geol. Pal. Inst.

(*Monograptus* [*Monograptus*] *uncinatus micropoma* [JAEKEL 1889])
*1889 (*Pomatograptus micropoma*) JAEKEL 1889, S. 682, Taf. 29,
  Fig. 4—6 (nach JAEGER 1959, S. 117 = *Monograptus micropoma micropoma*).
v1943 (*Monograptus uncinnatus* var. *micropoma*) HERITSCH 1943,
  S. 102, 164 (= Material HABERFELNER Bischofalm N, indet.
  nach H. FLÜGEL, unpubl.).
  Verbreitung: Bischofalm N (Karnische Alpen).
  Aufbewahrung: Univ. Graz, Geol. Pal. Inst.

(*Monograptus* [*Monograptus*] *uncinatus orbatus* WOOD 1900)

1900 (*Monograptus uncinatus* var. *orbatus*) WOOD 1900, S. 476,
      Abb. 20a—b, Taf. 25, Fig. 23a—b (nach JAEGER 1959,
      S. 112 syn. *M. uncinatus* TULLB.).
v1937 (*Monograptus uncinatus* var. *orbatus*) PELTZMANN in FRIED-
      RICH & PELTZMANN 1937, S. 248.
v1943 (*Monograptus uncinnatus* var. *orbatus*) HERITSCH 1943,
      S. 227.

   Verbreitung: Entachenalm b. Saalfelden (Grauwackenzone).
   Aufbewahrung: Univ. Graz, Geol. Pal. Inst.

Monograptus (Monograptus) undulatus ELLES & WOOD 1912

*1912 (*Monograptus undulatus*) ELLES & WOOD 1912, S. 432,
      Taf. 45, Fig. 5, Abb. 295.
v non1931 (*Monograptus undulatus*) HABERFELNER 1931a, S. 124,
      Taf. 1, Fig. 18 (indet. nach H. FLÜGEL, unpubl.).
v non1940 (*Monograptus undulatus*) HERITSCH 1940, S. 104
      (= Exempl. 1931).
v non1943 (*Monograptus undulatus*) HERITSCH 1943, S. 109, 128, 142,
      145.
v non1950 (*Monograptus* [*Monograptus*] *undulatus*) GORTANI 1950,
      S. 12 (= Exempl. 1931).

   Verbreitung: Hochwipfel N (Karnische Alpen).
   Aufbewahrung: Univ. Graz, Geol. Pal. Inst.

Monograptus (Monograptus) veles (RICHTER 1871)

*1871 (*Nautilus veles*) RICHTER 1871, S. 243.
 1883 (*Monograptus discus*) TÖRNQUIST 1883, S. 24 (siehe PŘIBYL
      1948b, S. 36).
 1923 (*Monograptus discus*) GORTANI 1923, S. 9, Taf. 1, Fig. 17 (1).
 1924 (*Monograptus discus*) GORTANI 1924a, S. 407 (= Exempl.
      1923).
 1925 (*Monograptus discus*) GORTANI 1925a, S. 174 (= Exempl.
      1923), S. 174, Fußnote 1 (2).
 1932 (*Monograptus discus*) SEELMEIER 1932, S. 261 (= [2]).
 1943 (*Monograptus discus*) HERITSCH 1943, S. 108, 112, 114, 116
      (= Material KAHLER, Hochwipfel S [3]), 142, 144, 145,
      146.

   Verbreitung: (1), (3) Hochwipfel S, (2) Gugel (Karnische
Alpen).
   Aufbewahrung: (1) Museo geologico di Bologna, (2) Unbe-
kannt, (3) Univ. Graz, Geol. Pal. Inst.

Subgenus: Monograptus (Globosograptus) Bouček & Přibyl 1948.

Monograptus (Globosograptus) barrandei (Suess 1851)

*1851 (*Graptolithus barrandei*) Suess 1851, S. 126, Taf. 9, Fig. 12.

?1923 (*Monograptus Barrandei*) Gortani 1923, S. 15, Taf. 1, Fig. 32 (= ? *Monograptus [Streptograptus] carnicus* Gortani siehe Bouček & Přibyl 1951, S. 191) (1).

1924 (*Monograptus Barrandei*) Gortani 1924a, S. 407 (= Exempl. 1923).

1925 (*Monograptus Barrandei*) Gortani 1925a, S. 174 (= Exempl. 1923).

v non 1931 (*Monograptus Barrandei*) Haberfelner 1931a, S. 138, Taf. 2, Fig. 9a, b (= *Diversograptus* sp. nach H. Flügel, unpubl.) (2).

v 1934 (*Monograptus barrandei*) Peltzmann 1934a, S. 209 (3).

v 1936 (*Monograptus barrandei*) Seelmeier 1936, S. 218, 219, 220, 221 (4).

1943 (*Monograptus barrandei*) Heritsch 1943, S. 104, 108, 110, 112, 116 (= Material Kahler, Hochwipfel S [5]), 141, 145, 146.

1950 (*Monograptus [Globosograptus] barrandei*) Gortani 1950, S. 16, 27 (= Exempl. 1923, 1931, 1934, 1936).

Verbreitung: (1), (5) Hochwipfel S, (2) Hochwipfel N, (3) Dellacher Alm am Zollner, (4) Gugel (Karnische Alpen).

Aufbewahrung: (1) Museo geologico di Bologna, (2), (3), (4), (5) Univ. Graz, Geol. Pal. Inst.

(*Monograptus [Globosograptus] barrandei alpha* Haberfelner 1931)

*v 1931 (*Monograptus Barrandei* var. *alpha*) Haberfelner 1931a, S. 139, Taf. 2, Fig. 10a—c (= *Monograptus [Streptograptus]*? nach Bouček & Přibyl 1951, S. 191 = indet. nach H. Flügel, unpubl.) (1).

?1936 (*Monograptus barrandei* var. *alpha*) Seelmeier 1936, S. 218 (2).

1943 (*Monograptus barrandei* var. *alpha*) Heritsch 1943, S. 108, 110, 111, 116 (= Material Kahler, Hochwipfel S = *Monograptus [Globosograptus] barrandei* nach H. Flügel, unpubl. [3]), 141.

Verbreitung: (1) Hochwipfel N, (2) Gugel, (3) Hochwipfel S (Karnische Alpen).

Aufbewahrung: (1) (Inv. Nr. 1546), ? (2), (3) Univ. Graz, Geol. Pal. Inst.

(*Monograptus [Globosograptus] barrandei beta* Haberfelner 1931)

*v 1931 (*Monograptus Barrandei* var. *beta*) Haberfelner 1931a, S. 140, Taf. 2, Fig. 11a—d (= *Monograptus [Streptograptus]*? nach Bouček & Přibyl 1951, S. 191 = *Diversograptus* sp. nach H. Flügel, unpubl.) (1).

v1936 (*Monograptus barrandei* var. *beta*) SEELMEIER 1936, S. 218
(2), (=*Monograptus* [*Globosograptus*] *barrandei*).
v1943 (*Monograptus barrandei* var. *beta*) HERITSCH 1943, S. 108,
110, 111, 117 (= Material KAHLER, Hochwipfel S = *Monograptus* [*Globosograptus*] *barrandei* nach H. FLÜGEL, unpubl.
[3]), 141.

Verbreitung: (1) Hochwipfel N, (2) Gugel, (3) Hochwipfel S
(Karnische Alpen).

Aufbewahrung: (1) (Inv. Nr. 1502, 1520, 1541, 1544), (2),
(3) Univ. Graz, Geol. Pal. Inst.

Monograptus (Globosograptus) crispus LAPWORTH 1876

*1876 (*Monograptus crispus*) LAPWORTH 1876, S. 503, Taf. 20,
Fig. 7.
v non 1934 (*Monograptus crispus*) PELTZMANN 1934a, S. 209 (indet.
nach H. FLÜGEL, unpubl.) (1).
1943 (*Monograptus crispus*) HERITSCH 1943, S. 105, 113 + 114
(= Material KAHLER, Hochwipfel S [2]), 141, 144, 145, 146.
v non 1950 (*Monograptus crispus*) GORTANI 1950, S. 27 (= Exempl.
1934).

Verbreitung: (1) Dellacher Alm am Zollner, (2) Hochwipfel S
(Karnische Alpen).
Aufbewahrung: (1), ? (2) Univ. Graz, Geol. Pal. Inst.

Monograptus (Globosograptus) singularis singularis TÖRNQUIST 1892

*1892 (*Monograptus singularis*) TÖRNQUIST 1892, S. 22, Taf. 2,
Fig. 9—11.
1913 (*Monograptus knockensis*) ELLES & WOOD 1913, S. 462,
Taf. 47, Fig. 8a, b, Abb. 321a, b (siehe BOUČEK & PŘIBYL
1951, S. 194).
1943 (*Monograptus knockensis*) HERITSCH 1943, S. 142, 168.

Verbreitung: Hochwipfel S (Karnische Alpen).
Aufbewahrung: ? Univ. Graz, Geol. Pal. Inst.

Subgenus: *Monograptus (Mediograptus)* BOUČEK & PŘIBYL 1948.

Monograptus (Mediograptus) remotus ELLES & WOOD 1913

*1913 (*Monograptus remotus*) ELLES & WOOD 1913, S. 461, Taf. 46,
Fig. 9a—b, Abb. 319.
1925 (*Monograptus remotus*) GORTANI 1925a, S. 173 (1).
1926 (*Monograptus remotus*) GORTANI 1926, S. 13, Taf. 2, Fig. 12,
13 (= [1]).

1932 (*Monograptus remotus*) HABERFELNER & HERITSCH 1932a,
S. 82, 86, Abb. 8 (2).
1935 (*Monograptus remotus*) HABERFELNER 1935, S. 8 (= Exempl.
1932).
1943 (*Monograptus remotus*) HERITSCH 1943, S. 103, 142, 143, 146,
232.

Verbreitung: (1) Dellacher Alm am Zollner (Karnische Alpen),
(2) Weiritzgraben b. Eisenerz (Grauwackenzone).
Aufbewahrung: 1) Museo geologico di Bologna, (2) ? Univ.
Graz, Geol. Pal. Inst.

Subgenus: *Monograptus* (*Streptograptus*) YIN 1937.

Monograptus (Streptograptus) antennularius
(MENEGHINI 1857)

*1857 (*Graptolithus* [*Monograpsus*] *antennularius*) MENEGHINI 1857,
S. 156, Taf. B, Fig. I, 1a, b.
1936 (*Monograptus antennularius* var. *curvatus*) HABERFELNER
1936a, S. 90, Abb. 3 (siehe BOUČEK & PŘIBYL 1942b,
S. 14) (1).
1943 (*Monograptus antennularius*) HERITSCH 1943, S. 101, 102,
153, 154, 157 (Material HABERFELNER, Bischofalm N [2]).
Verbreitung: (1) Ober Buchacher Alm, Findenig, (2) Bischofalm N (Karnische Alpen).
Aufbewahrung: ? (1), ? (2) Univ. Graz, Geol. Pal. Inst.

Monograptus (Streptograptus) carnicus GORTANI 1923

*1923 (*Monograptus carnicus*) GORTANI 1923, S. 14, Taf. 1, Fig. 33,
Abb. 5 (1).
1924 (*Monograptus carnicus*) GORTANI 1924a, S. 407 (= Exempl.
1923).
v non 1931 (*Monograptus carnicus*) HABERFELNER 1931a, S. 134,
Taf. 2, Fig. 4a—d (= *Diversograptus ramosus* MANCK nach
BOUČEK & PŘIBYL 1953) (2).
1943 (*Monograptus carnicus*) HERITSCH 1943, S. 109, 111, 112,
116 (= Material KAHLER, Hochwipfel S [3]), 132, 141, 144.
Typus: Syntypen sind die von GORTANI 1923, Taf. 1, Fig. 33,
und S. 15, Abb. 5, abgebildeten Exemplare.
Locus typicus: Hochwipfel S (Karnische Alpen).
Stratum typicum: Zone des *M. turriculatus* nach GORTANI.
Verbreitung: (1), (3) Hochwipfel S, (2) Hochwipfel N (Kar-
nische Alpen).
Aufbewahrung: (1) Museo geologico di Bologna, (2), ? (3)
Univ. Graz, Geol. Pal. Inst.

Monograptus (Streptograptus) exiguus exiguus
(NICHOLSON 1868)

*1868 (*Graptolithus lobiferus* var. *exiguus*) NICHOLSON 1868, S. 533,
Taf. 19, Fig. 27—28.

1923 (*Monograptus exiguus*) GORTANI 1923, S. 13, Taf. 1, Fig. 23
bis 27 (1).

1924 (*Monograptus exiguus*) GORTANI 1924a, S. 407 (= Exempl.
1923).

1925 (*Monograptus exiguus*) GORTANI 1925a, S. 174, Fußnote 2
(2).

1925 (*Monograptus exiguus*) GORTANI 1925b, S. 218 (= [2]).

1930 (*Monograptus exiguus*) GAERTNER 1930, S. 192 (3).

1931 (*Monograptus exiguus*) GAERTNER 1931, S. 132 (= Exempl.
1930).

v1931 (*Monograptus exiguus*) HABERFELNER 1931a, S. 135, Taf. 2,
Fig. 5 (4).

v1936 (*Monograptus exiguus*) SEELMEIER 1936, S. 218, 219, 220,
221 (5).

1936 (*Monograptus exiguus*) HERITSCH 1936b, S. 503 (= Exempl.
1930).

1943 (*Monograptus exiguus*) HERITSCH 1943, S. 63, 107, 108, 109,
112, 142, 144, 145.

1950 (*Monograptus exiguus*) GORTANI 1950, S. 27 (= Exempl.
1930).

Verbreitung: (1) Hochwipfel S, (4) Hochwipfel N, (2) Gundersheimer Alm, (3) Cellonetta, (5) Gugel (Karnische Alpen).

Aufbewahrung: (1) Museo geologico di Bologna, (2) Museo
geologico di Pisa (? Pavia), (3) Univ. Göttingen, Geol. Pal. Inst.,
(4), (5) Univ. Graz, Geol. Pal. Inst.

Monograptus (Streptograptus) gortanii HABERFELNER 1931

*v1931 (*Monograptus Gortanii*) HABERFELNER 1931a, S. 136,
Taf. 2, Fig. 6a, b.

v1942 (*Streptograptus gortanii*) BOUČEK & PŘIBYL 1942b, S. 9
(= Exempl. 1931).

v1943 (*Monograptus gortanii*) HERITSCH 1943, S. 110, 111, 142, 144,
145.

Typus: Lectotypus (BOUČEK & PŘIBYL 1942b, S. 9) ist das
von HABERFELNER 1931a, Taf. 2, Fig. 6a, abgebildete Exemplar,
Univ. Graz, Geol. Pal. Inst., Inv. Nr. 1549.

Locus typicus: Hochwipfel N (Karnische Alpen).

Stratum typicum: Zone 22 nach ELLES & WOOD.

Verbreitung und Aufbewahrung: Siehe Typus.

Monograptus (Streptograptus) nodifer Törnquist 1881

*1881 (*Monograptus nodifer*) Törnquist 1881, S. 430, Taf. 17, Fig. 2 a—c.
 1923 (*Monograptus nodifer*) Gortani 1923, S. 14, Taf. 1, Fig. 28 bis 31 (1).
 1924 (*Monograptus nodifer*) Gortani 1924 a, S. 407 (= Exempl. 1923).
v1931 (*Monograptus nodifer*) Haberfelner 1931 a, S. 136, Taf. 2, Fig. 7 a—e (2).
v1936 (*Monograptus nodifer*) Seelmeier 1936, S. 218 (3).
 1943 (*Monograptus nodifer*) Heritsch 1943, S. 108, 110, 111, 112, 142, 145.
 1950 (*Monograptus [Streptograptus] nodifer*) Gortani 1950, S. 15 (= Exempl. 1923, 1931, 1936).

Verbreitung: (1) Hochwipfel S, (2) Hochwipfel N, (3) Gugel (Karnische Alpen).
Aufbewahrung: (1) Museo geologico di Bologna, (2), (3) Univ. Graz, Geol. Pal. Inst.

Monograptus (Streptograptus) pseudobecki
Bouček & Přibyl 1942

 1923 (*Monograptus Becki*) Gortani 1923, S. 12, Taf. 1, Fig. 21, 22 (1).
 1924 (*Monograptus Becki*) Gortani 1924 a, S. 407 (= Exempl. 1923).
 1931 (*Monograptus Becki*) Haberfelner 1931 a, S. 133, Taf. 2, Fig. 3 a, b (2).
v1932 (*Monograptus Becki*) Seelmeier 1932, S. 261 (3).
v1936 (*Monograptus Becki*) Seelmeier 1936, S. 218, 219, 220, 221 (= Exempl. 1932).
*1942 (*Monograptus [Streptograptus] pseudobecki*) Bouček & Přibyl 1942 b, S. 18, Abb. 4 a, b.
 1943 (*Monograptus becki*) Heritsch 1943, S. 75, 108, 109, 112, 141, 145.
 1953 (*Monograptus [Streptograptus] pseudobecki*) H. Flügel 1953 b, S. 24 (4).

Verbreitung: (1) Hochwipfel S, (2) Hochwipfel N, (3) Gugel, (4) Zollner See (Karnische Alpen).
Aufbewahrung: (1) Museo geologico di Bologna, ? (2), (3) Univ. Graz, Geol. Pal. Inst., (4) Landesmus. Klagenfurt, Geol. Pal. Abt.

Monograptus (Streptograptus) runcinatus runcinatus
LAPWORTH 1876

*1876 (*Monograptus runcinatus*) LAPWORTH 1876, S. 28, Taf. 20, Fig. 4.

 1923 (*Monograptus runcinatus*) GORTANI 1923, S. 12, Taf. 1, Fig. 19, 20 (1).

 1924 (*Monograptus runcinatus*) GORTANI 1924a, S. 407 (= Exempl. 1923).

v non 1934 (*Monograptus* cf. *runcinatus*) PELTZMANN 1934a, S. 209 (= *Monograptus* [*Streptograptus*]) sp. nach H. FLÜGEL, unpubl.) (2).

 1943 (*Monograptus runcinatus*) HERITSCH 1943, S. 105, 112, 132, 142, 157.

Verbreitung: (1) Hochwipfel S, (2) Dellacher Alm (Karnische Alpen).

Aufbewahrung: (1) Museo geologico di Bologna, (2) Univ. Graz, Geol. Pal. Inst.

Monograptus (Streptograptus) runcinatus pertinax
ELLES & WOOD 1912

*1912 (*Monograptus runcinatus* var. *pertinax*) ELLES & WOOD 1912, S. 451, Taf. 45, Fig. 3, Abb. 310a—c.

 1930 (*Monograptus runcinatus* var. *pertinax*) GAERTNER 1930, S. 192 (1).

 1931 (*Monograptus runcinatus* var. *pertinax*) GAERTNER 1931, S. 132 (= Exempl. 1930).

v non 1931 (*Monograptus runcinatus* var. *pertinax*) HABERFELNER 1931a, S. 132, Taf. 2, Fig. 2a—d (= *Monograptus* [*Monograptus*] *pertinax*: BOUČEK & PŘIBYL 1942b, S. 12), (2).

v non 1932 (*Monograptus runcinatus* var. *pertinax*) HABERFELNER & HERITSCH 1932a, S. 82, 86, Abb. 6 (keine Graptolithen!) (3).

v non 1935 (*Monograptus runcinatus* var. *pertinax*) HABERFELNER 1935, S. 8 (= Exempl. 1932).

v1936 (*Monograptus runcinatus* var. *pertinax*) SEELMEIER 1936, S. 218, 219, 220, 221 (4).

 1936 (*Monograptus runcinatus* var. *pertinax*) HERITSCH 1936b, S. 503 (= Exempl. 1930).

 1943 (*Monograptus runcinatus* var. *pertinax*) HERITSCH 1943, S. 63, 108, 109, 142, 143, 232.

 1950 (*Monograptus runcinatus* var. *pertinax*) GORTANI 1950, S. 27 (= Exempl. 1930).

Verbreitung: (1) Cellonetta, (2) Hochwipfel N, (4) Gugel (Karnische Alpen), (3) Weiritzgraben b. Eisenerz.

Aufbewahrung: (1) ? Univ. Göttingen, Geol. Pal. Inst., (2)—(4) Univ. Graz, Geol. Pal. Inst.

Monograptus (incert. subgen.)

Monograptus (? subgen.) acus LAPWORTH 1882

*1882 (*Monograptus acus*) LAPWORTH 1882, S. 660 (nur Name!).
 1943 (*Monograptus acus*) HERITSCH 1943, S. 112, 113, 115, 141,
  144 (2), 115: Material KAHLER Hochwipfel S = *Pristiograptus* (*Pristiograptus*) *jaculum* (LAPWORTH) nach H. FLÜ
  GEL, unpubl. (1).

Verbreitung: (1) Hochwipfel S, (2) Dellacher Alm am Zollner
(Karnische Alpen).
Aufbewahrung: (1) Univ. Graz, Geol. Pal. Inst., (2) ? Univ.
Graz, Geol. Pal. Inst.

Monograptus (? subgen.) dextrorsus LINNARSON 1881

*1881 (*Monograptus dextrorsus*) LINNARSON 1881, S. 511, Taf. 13,
  Fig. 1—7.
v?1931 (*Monograptus dextrorsus*) HERITSCH 1931b, S. 234, Abb. 4.
v?1935 (*Monograptus dextrorsus*) HABERFELNER 1935, S. 8
  (= Exempl. 1931).
v?1943 (*Monograptus dextrorsus*) HERITSCH 1943, S. 141, 231.
 Verbreitung: Sauerbrunngraben b. Eisenerz.
 Aufbewahrung: Univ. Graz, Geol. Pal. Inst.

Monograptus (? subgen.) gemmatus (BARRANDE 1850)

*1850 (*Rastrites gemmatus*) BARRANDE 1850, S. 68, Taf. 4, Fig. 5.
 1920 (*Monograptus gemmatus*) GORTANI 1920, S. 39, Taf. 3,
  Fig. 9—13 (1).
 1925 (*Monograptus gemmatus*) GORTANI 1925a, S. 174 (= Exempl.
  1920).
v non 1931 (*Monograptus gemmatus*) HABERFELNER 1931a, S. 125,
  Taf. 1, Fig. 19. (= *Monograptus* [? subgen.] *capillaris* (CAR
  RUTHERS) nach H. FLÜGEL, unpubl.) (2).
 1931 (*Monograptus gemmatus*) HABERFELNER 1931b, S. 889
  (= Exempl. 1932).
v1932 (*Monograptus gemmatus*) HABERFELNER & HERITSCH 1932b,
  S. 116 (3).
v1936 (*Monograptus gemmatus*) SEELMEIER 1936, S. 218, 220,
  221 (4).
v non 1940 (*Monograptus gemmatus*) HERITSCH 1940, S. 103 (organische Natur sehr unsicher, siehe auch HAJEK 1963, S. 36) (5).
 1943 (*Monograptus gemmatus*) HERITSCH 1943, S. 50, 95, 96, 97,
  100, 107, 108, 109, 113, 115 u. 116 (= Material KAHLER,
  Hochwipfel S [6]), 128.
v1950 (*Monograptus gemmatus*) GORTANI 1950, S. 26 (= Exempl.
  1936).

v non1963 (*Monograptus gemmatus*) HAJEK 1963, S. 36 (= Exempl. 1940).
v non1965 *(Monograptus gemmatus)* HAJEK in FRITSCH & HAJEK 1965, S. 13 (= Exemplar 1940).
Verbreitung: (1) Nölblinggraben, (2) Hochwipfel N, (3) Valentintörl, (4) Gugel, (6) Hochwipfel S, (Uggwagraben, Casera Meledis, Cristo di Timau) (Karnische Alpen), (5) Tiffen b. Feldkirchen.
Aufbewahrung: (1) Museo geologico di Pisa, (2)—(6) Univ. Graz, Geol. Pal. Inst.

Monograptus (? subgen.) *hisingeri* CARRUTHERS 1876

*1867 (*Monograptus Hisingeri*) CARRUTHERS 1867, S. 375.
v1931 (*Monograptus Hisingeri*) AIGNER 1931, S. 36, Fig. 8.
 1943 (*Monograptus hisingeri*) HERITSCH 1943, S. 223.
Verbreitung: Lachtalgraben b. Fieberbrunn.
Aufbewahrung: Univ. Graz, Geol. Pal. Inst.

Monograptus (? subgen.) *lamarmorae compactus* PELTZMANN 1934

*v1934 (*Monograptus lamarmorae* var. *compactus*) PELTZMANN 1934a, S. 207, Taf. 1, Fig. 14.
v1943 (*Monograptus lamarmorae* var. *compacta*) HERITSCH 1943, S. 105, 147, 157.
Typus: Holotypus kraft ursprünglicher Bestimmung ist das von PELTZMANN 1934a auf Taf. 1, Fig. 14 abgebildete Exemplar, Univ. Graz, Geol. Pal. Inst., Inv. Nr. 1602.
Locus typicus: Obere Dellacher Alm am Zollner, Karnische Alpen.
Stratum typicum: „Zone 25 am Zollner" nach PELTZMANN 1934a.
Verbreitung und Aufbewahrung: Siehe Typus.

Monograptus (? subgen.) *lovisatoi* GORTANI 1922

*1922 (*Monograptus Lovisatoi*) GORTANI 1922, S. 92, Taf. 16, Fig. 4—6, Taf. 19, Fig. 1.
v non1943 (*Monograptus lovisatoi*) HERITSCH 1943, S. 102, 157, 164 (Material HABERFELNER, Bischofalm N = *Monograptus* [*Monograptus*] *flemmingi flemmingi* [SALTER] nach H. FLÜGEL, unpubl.).
Verbreitung: Bischofalm N, Karnische Alpen.
Aufbewahrung: Univ. Graz, Geol. Pal. Inst.

Monograptus (? subgen.) *tenuis tenuis* (PORTLOCK 1843)

*1843 (*Graptolites tenuis*) PORTLOCK 1843, S. 319, Taf. 19, Fig. 7.
 1925 (*Monograptus tenuis*) GORTANI 1925b, S. 217 (1).
v1931 (*Monograptus tenuis*) AIGNER 1931, S. 54 (Tab.) (2).
 1943 (*Monograptus tenuis*) HERITSCH 1943, S. 95, 97, 98, 132.

Verbreitung: (1) Rauchkofel, (Uggwagraben, Casera Meledis) (Karnische Alpen), (2) Lachtalgraben b. Fieberbrunn.

Aufbewahrung: (1) Museo geologico di Pisa (?), (2) Univ. Graz, Geol. Pal. Inst.

Monograptus (? subgen.) *tenuis alpha* AIGNER 1931

*v1931 (*Monograptus tenuis* var. *alpha*) AIGNER 1931, S. 37 Abb. 9a, b.

v1943 (*Monograptus tenuis* var. *alpha*) HERITSCH 1943, S. 224.

Typus: Holotypus durch Monotypie ist das von AIGNER 1931, Abb. 9, wiedergegebene Exemplar, Univ. Graz, Geol. Pal. Inst., Inv. Nr. 1827.

Locus typicus: Lachtalgraben b. Fieberbrunn.

Stratum typicum: ? Zone 21 nach ELLES & WOOD (AIGNER 1931).

Verbreitung und Aufbewahrung: Siehe Typus.

Monograptus sp. sp.

1895 (*Monograptus*) GEYER 1895, S. 76, 78 (1).

1901 (*Monograptus*) GEYER 1901, S. 29 (= 1895).

1931 (*Monograptus* sp.) GAERTNER 1931, S. 131 (2).

v1931 (*Monograptus* sp. a) HABERFELNER 1931a, S. 148, Taf. 3, Fig. 7 (3).

v1931 (*Monograptus* sp. b) HABERFELNER 1931a, S. 148, Taf. 3, Fig. 8 (4).

v1931 (*Monograptus* sp.) AIGNER 1931, S. 48, Abb. 19 (5).

1932 (*Monograptus* sp.) HERITSCH & THURNER 1932, S. 92 (6).

v1932 (*Monograptus* Theken, ähnlich *M. priodon*) PELTZMANN 1932, S. 160 (7).

1936 (*Monograptus*) HERITSCH 1936a, S. 67 (8).

1965 (*Monograptus* sp. indet.) MOSTLER 1965, S. 163 (9).

Verbreitung: (1) Gundersheimer Alpe, Nölbling Graben, (2) Cellonetta, (3), (4) Hochwipfel N, (8) Eggeralmstraße (Karnische Alpen), (5), (9) Lachtalgraben b. Fieberbrunn, (6) Olach b. Murau, (7) Bartholomäberg, Montafon.

Aufbewahrung: (1) unbekannt, (2) Univ. Göttingen, Geol. Pal. Inst., (3), (4), (5), (7), (8) Univ. Graz, Geol. Pal. Inst., (6) unbekannt (? Univ. Graz, Geol. Pal. Inst.), (9) Univ. Innsbruck, Geol. Pal. Inst.

Monograptus comis WOOD 1900,
    siehe:
Pristiograptus (Pristiograptus) vicinus (PERNER 1899).

Monograptus discus TÖRNQUIST 1883,
    siehe:
Monograptus (Monograptus) veles (RICHTER 1871).

Monograptus elongatus TÖRNQUIST 1899,
    siehe:
Spirograptus intermedius (CARRUTHERS 1868).

Monograptus knockensis ELLES & WOOD 1913,
    siehe:
Monograptus (Globosograptus) singularis singularis
TÖRNQUIST 1892.

Monograptus paradubius HABERFELNER 1936,
    siehe:
Pristiograptus (Pr.) meneghinii meneghinii (GORTANI 1922).

Monograptus personatus TULLBERG 1883,
    siehe:
Monoclimacis crenulata (TÖRNQUIST 1881).

Monograptus pseudodenticulatus HABERFELNER 1936,
    siehe:
Demirastrites denticulatus denticulatus (TÖRNQUIST 1899).

Monograptus raitzhainiensis EISEL 1899,
    siehe:
Demirastrites triangulatus raitzhainiensis (EISEL 1899).

Monograptus sardous macilentus GORTANI 1922,
    siehe:
Pristiograptus (Pr.) meneghinii meneghinii (GORTANI 1922).

Monograptus spinulosus TULLBERG 1883,
    siehe:
Monoclimacis continens (TÖRNQUIST 1881).

Monograptus subconicus TÖRNQUIST 1892,
    siehe:
Spirograptus spiralis spiralis (GEINITZ 1842).

Monograptus tyrrhenus GORTANI 1922,
    siehe:
Pristiograptus (Pr.) meneghinii giganteus (GORTANI 1922).

Monograptus zerizelliensis HABERFELNER 1936,
    siehe:
Pristiograptus (Pr.) bohemicus bohemicus (BARRANDE 1850).

Genus: *Demirastrites* EISEL 1912.

Demirastrites convolutus (HISINGER 1837)

*1837 (*Prionotus convolutus*) HISINGER 1837, S. 114, Taf. 35, Fig. 7.
v1936 (*Monograptus convolutus*) HABERFELNER 1936a, S. 92 (1).

v1943 (*Monograptus convolutus*) HERITSCH 1943, S. 101, 130, 132;
non S. 116, 117 (= Material KAHLER, Hochwipfel S =
Demirastrites urceolus [RICHTER] nach H. FLÜGEL, unpubl.
[2]).

Verbreitung: (1) Saugraben SE Gundersheimer Alm, (2) Hochwipfel S (Karnische Alpen).
Aufbewahrung: (1), (2) Univ. Graz, Geol. Pal. Inst.

Demiratrites decipiens decipiens (TÖRNQUIST 1899)

*1899 (*Monograptus decipiens*) TÖRNQUIST 1899, S. 20, Taf. 4,
Fig. 9—14.
v non1943 (*Monograptus decipiens*) HERITSCH 1943, S. 113, 116, 132,
140, 144 (= Material KAHLER, Hochwipfel S = *Pernerograptus limatulus* [TÖRNQUIST] nach H. FLÜGEL, unpubl.).

Verbreitung: Hochwipfel S, Karnische Alpen.
Aufbewahrung: Univ. Graz, Geol. Pal. Inst.

Demirastrites delicatulus (ELLES & WOOD 1913)

*1913 (*Monograptus delicatulus*) ELLES & WOOD 1913, S. 478, Taf.
47, Fig. 2a, b, Abb. 333.
1934 (*Monograptus delicatulus*) PELTZMANN 1934a, S. 209 (1).
1943 (*Monograptus delicatulus*) HERITSCH 1943, S. 105, 114, 132,
141, 142, 144, 145, 146; 116 (= Material KAHLER Hochwipfel S [2]).

Verbreitung: (1) Dellacher Alm, (2) Hochwipfel S (Karnische
Alpen).
Aufbewahrung: ? (1), ? (2) Univ. Graz, Geol. Pal. Inst.

Demirastrites denticulatus denticulatus (TÖRNQUIST 1899)

*1899 (*Monograptus denticulatus*) TÖRNQUIST 1899, S. 18, Taf. 3,
Fig. 19—23.
?1925 (*Monograptus* cfr. *denticulatus*) GORTANI 1925b, S. 217 (1).
1936 (*Monograptus pseudodenticulatus* n. sp.) HABERFELNER 1936a,
S. 91, Abb. 4a, b (siehe PŘIBYL & MÜNCH 1942, S. 9, und
PŘIBYL 1944b, S. 10) (2).
1943 (*Monograptus pseudodenticulatus*) HERITSCH 1943, S. 101.

Verbreitung: (1) Rauchkofel N, (2) Saugraben E Gundersheimer Alm, (Uggwagraben, Cima di Val Puartis, Ramàz) (Karnische Alpen).
Aufbewahrung: (1) ? Museo geologico di Pisa, (2) Univ. Graz,
Geol. Pal. Inst.

4

Demirastrites phleoides (TÖRNQUIST 1887)

*1887 (*Rastrites phleoides*) TÖRNQUIST 1887, S. 490, Abb. 1.
v ?1931 (*Rastrites* cf. *phleoides*) HABERFELNER 1931a, S. 162, Taf. 3,
 Fig. 15a, 15b (1).
 1943 (*Rastrites phleoides*) HERITSCH 1943, S. 101 (= Material
 HABERFELNER Saugraben [2]), 110, 111, 130.

Verbreitung: (1) Hochwipfel N, (2) Saugraben E Gundersheimer Alm.
Aufbewahrung: (1), ? (2) Univ. Graz, Geol. Pal. Inst.

Demirastrites triangulatus raitzhainiensis (EISEL 1899)

*1899 (*Monograptus triangulatus* var. *Raitzhainiensis*) EISEL 1899,
 S. 7.
v?1936 (*Monograptus raitzhainiensis*) HERITSCH 1936a, S. 155.
 1943 (*Monograptus raitzhainensis*) HERITSCH 1943, S. 96, 97, 98,
 117, 128.

Verbreitung: Pessendellach, (Uggwagraben, Casera Meledis, Ramàz) (Karnische Alpen).
Aufbewahrung: Univ. Graz, Geol. Pal. Inst.
Bemerkungen: Aus dem (Uggwagraben und v. Casera Meledis) sind außerdem bekannt:

Demirastrites triangulatus triangulatus (HARKNESS 1851).
Demirastrites triangulatus cirratus (GORTANI 1920).
Demirastrites triangulatus major (ELLES & WOOD 1913).

Demirastrites urceolus (RICHTER 1853)

*1853 (*Monograptus urceolus*) RICHTER 1853, S. 462, Taf. 12,
 Fig. 29, 30.
v1943 (*Monograptus urceolus*) HERITSCH 1943, S. 115, 116, 141,
 142, 144 (Material KAHLER Hochwipfel S).

Verbreitung: Hochwipfel S, Karnische Alpen.
Aufbewahrung: Univ. Graz, Geol. Pal. Inst.

Genus: *Monoclimacis* FRECH 1897.

Monoclimacis continens (TÖRNQUIST 1881)

*1881 (*Monograptus continens*) TÖRNQUIST 1881, Taf. 17, Fig. 5.
 1883 (*Monograptus spinulosus*) TULLBERG 1883, S. 21, Taf. 2,
 Fig. 12—15 (siehe PŘIBYL 1940b, S. 14).
 1920 (*Monograptus spinulosus*) GORTANI 1920, S. 38, Taf. 3,
 Fig. 8 (1).
 1925 (*Monograptus spinulosus*) GORTANI 1925a, S. 173 (= Exempl.
 1920).

1926 (*Monograptus spinulosus*) GORTANI 1926, S. 6 (= Exempl. 1920).

v?1931 (*Monograptus* cf. *continens*) HABERFELNER 1931a, S. 120, Taf. 1, Fig. 14 (2).

v1934 (*Monograptus continens*) PELTZMANN 1934a, S. 209 (3).

1936 (*Monograptus continens*) SEELMEIER 1936, S. 218, 220, 221 (4).

1937 (*Monograptus continens* cf.?) PELTZMANN in FRIEDRICH & PELTZMANN 1937, S. 249 (5).

1943 (*Monograptus continens*) HERITSCH 1943, S. 105, 109, 141, 144, 145.

1943 (*Monograptus spinulosus*) HERITSCH 1943, S. 107, 154.

1950 (*Monograptus continens*) GORTANI 1950, S. 26, 27 (= Exempl. 1920, 1934, 1936).

Verbreitung: (1) Gundersheimer Alm, (2) Hochwipfel N, (3) Dellacher Alm, (4) Gugel (Karnische Alpen) (5) Entachenalm b. Saalfelden.

Aufbewahrung: (1) Museo geologico di Pisa (? Pavia), (2), (3), ? (4), ? (5) Univ. Graz, Geol. Pal. Inst.

Monoclimacis crenulata (TÖRNQUIST 1881)

*1881 (*Monograptus crenulatus*) TÖRNQUIST 1881, S. 438, Taf. 17, Fig. 4.

1911 (*Monograptus vomerinus* var. *crenulatus*) ELLES & WOOD 1911, S. 412, Taf. 41, Fig. 4a—d.

v non 1934 (*Monograptus vomerinus* var. *crenulatus*) PELTZMANN 1934a, S. 202, Taf. 1, Fig. 3 (= *Monoclimacis geinitzi* [BOUČEK 1932] siehe PŘIBYL 1940b, S. 7) (1).

v1934 (*Monograptus personatus*) PELTZMANN 1934a, S. 209 (nach H. FLÜGEL, unpubl.) (2).

1943 (*Monograptus personatus*) HERITSCH 1943, S. 105, 109, 142, 144, 145 (e. p.: siehe auch *Monoclimacis inchoata* PŘIBYL).

v non 1943 (*Monograptus vomerinus* var. *crenulatus*) HERITSCH 1943, S. 104, 105, 151 (= [1]).

1950 (*Monograptus personatus*) GORTANI 1950, S. 27 (= [2]).

Verbreitung: (1), (2) Dellacher Alm (Karnische Alpen).
Aufbewahrung: (1), (2) Univ. Graz, Geol. Pal. Inst.

Monoclimacis flumendosae (GORTANI 1922)

*1922 (*Monograptus Linnarsoni* var. *Flumendosae*) GORTANI 1922, S. 51, Taf. 9, Fig. 1—6, Taf. 12, Fig. 4 A, 6 C, Taf. 13, Fig. 4 B (siehe PŘIBYL 1940b, S. 5).

v1931 (*Monograptus Linnarssoni* var. *Flumendosae*) HABERFELNER 1931b, S. 887.

4*

v1943 (*Monograptus linnarssoni* var. *flumendosae*) HERITSCH 1943,
S. 102, 154.

Verbreitung: Bischofalm N (Karnische Alpen).
Aufbewahrung: Univ. Graz, Geol. Pal. Inst.
Bemerkungen: Siehe auch *Monoclimacis linnarssoni* (TULL-
BERG 1883).

Monoclimacis griestoniensis griestoniensis (NICOL 1850)

*1850 (*Graptolites griestoniensis*) NICOL 1850, S. 63, Abb. 2.
 1923 (*Monograptus griestoniensis*) GORTANI 1923, S. 6, Taf. 1,
Fig. 8 (1).
 1924 (*Monograptus griestoniensis*) GORTANI 1924a, S. 407
(= Exempl. 1923).
 1925 (*Monograptus griestoniensis*) GORTANI 1925a, S. 174
(= Exempl. 1923).
v1934 (*Monograptus griestoniensis*) PELTZMANN 1934a, S. 209 (2).
 1943 (*Monograptus griestoniensis*) HERITSCH 1943, S. 104, 105,
106, 112, 146.
 1950 (*Monograptus griestoniensis*) GORTANI 1950, S. 25, 27
(= Exempl. 1923, 1934).

Verbreitung: (1) Hochwipfel S, (2) Dellacher Alm (Karnische
Alpen).
Aufbewahrung: (1) Museo geologico di Bologna, (2) Univ.
Graz, Geol. Pal. Inst.

Monoclimacis hemipristis (MENEGHINI 1857)

*1857 (*Graptolithus* [*Monograpsus*] *hemipristis*) MENEGHINI 1857,
S. 168, Taf. B, Fig. 5a—d.
 1925 (*Monograptus hemipristis = Monograptus basilicus*) GORTANI
1925a, S. 173 (siehe PŘIBYL 1940b, S. 13, 1948b, S. 46) (1).
 1926 (*Monograptus hemipristis*) GORTANI 1926, S. 11, Taf. 2,
Fig. 7 (= Exempl. 1925).
vnon 1931 (*Monograptus hemipristis*) AIGNER 1931, S. 38, Abb. 10a, b
(= *Monograptus robustus* BOUČEK nach HERITSCH 1936c,
S. 222, Fußnote = *Monograptus* sp. nach HERITSCH 1943,
S. 224) (2).
 1934 (*Monograptus hemipristis*) PELTZMANN 1934a, S. 209 (3).
 1943 (*Monograptus hemipristis*) HERITSCH 1943, S. 103, 104, 105,
154, 157, 224.
 1943 (*Monograptus basilicus*) HERITSCH 1943, S. 103 (= Exempl.
1925).
 1950 (*Monograptus* [*Monoclimacis*] *hemipristis*) GORTANI 1950,
S. 9 (= Exempl. 1925).

Verbreitung: (1), (3) Dellacher Alm (Karnische Alpen), (2) Lachtalgraben b. Fieberbrunn.

Aufbewahrung: (1) Museo geologico di Bologna, (2), (3) ? Univ. Graz, Geol. Pal. Inst.

Monoclimacis inchoata Přibyl 1943

*1943 (*Monoclimacis inchoatus*) Pribyl 1943a, S. 8, 20, Taf. 2, Fig. 1—2.

v1931 (*Monograptus personatus*) Haberfelner 1931a, S. 118, Taf. 1, Fig. 12a, b (non *Monograptus personatus* Tullberg 1883 = *Monoclimacis crenulata* [Törnquist 1881) siehe Přibyl 1943a, S. 8, 1948b, S. 46).

1943 (*Monograptus personatus*) Heritsch 1943, S. 105, 109, 142, 144, 145 e.p., siehe auch *Monoclimacis crenulata* (Törnquist).

Verbreitung: Hochwipfel N (Karnische Alpen).
Aufbewahrung: Univ. Graz, Geol. Pal. Inst.

Monoclimacis linnarssoni (Tullberg 1883)

*1883 (*Monograptus Linnarssoni*) Tullberg 1883, S. 20, Taf. 2, Fig. 5—9.

v1931 (*Monograptus Linnarssoni*) Haberfelner 1931a, S. 117, Taf. 1, Fig. 11 (1).

vnon1934 („Gruppe des *Monograptus linnarssoni*") Peltzmann 1934a, S. 202, Taf. 1, Fig. 4 (= *Monoclimacis flumendosae* [Gortani 1922] nach H. Flügel, unpubl.) (2).

1943 (*Monograptus linnarssoni*) Heritsch 1943, S.106, 109, 146.

v1950 (*Monograptus* [*Monoclimacis*] *linnarssoni*) Gortani 1950, S. 9 (= Exempl. 1931).

Verbreitung: (1) Hochwipfel N, (2) Dellacher Alm (Karnische Alpen).

Aufbewahrung: (1), (2) Univ. Graz, Geol. Pal. Inst.

Bemerkungen: „*Monograptus*" linnarssoni var. *flumendosae* siehe bei *Monoclimacis flumendosae* (Gortani 1922).

Monoclimacis vomerina vomerina (Nicholson 1872)

*1872 (*Graptolithus vomerinus*) Nicholson 1872, S. 53, Fig. 21.

1925 (*Monograptus vomerinus*) Gortani 1925a, S. 173 (1).

1925 (*Monograptus vomerinus*) Gortani 1925b, S. 218 (2).

1926 (*Monograptus vomerinus*) Gortani 1926, S. 10, Taf. 2, Fig. 3 (= Exempl. 1925a).

v1934 (*Monograptus* cf. *vomerinus*) Peltzmann 1934a, S. 209 (= *Monoclimacis vomerina vomerina* nach H. Flügel, unpubl.) (3).

1943 (*Monograptus vomerinus*) HERITSCH 1943, S. 103, 104, 107, 151, 154, 155, 157.

1950 (*Monograptus* [*Monoclimacis*] *vomerinus*) GORTANI 1950, S. 8, 27 (= Exempl. 1925a, 1934).

Verbreitung: (1), (3) Dellacher Alm, (2) Ober Buchacher Alm (Karnische Alpen).

Aufbewahrung: (1) Museo geologico di Bologna, (2) ? Museo geologico di Pisa, (3) Univ. Graz, Geol. Pal. Inst.

Bemerkungen: „*Monograptus*" *vomerinus* var. *crenulatus* siehe bei *Monoclimacis crenulata* (TÖRNQUIST 1881).

Monoclimacis vomerina gracilis (ELLES & WOOD 1910)

*1910 (*Monograptus vomerinus* var. *gracilis*) ELLES & WOOD 1910, S. 411, Abb. 227, Taf. 41, Fig. 3a—d.

1925 (*Monograptus vomerinus* var. *gracilis*) GORTANI 1925a, S. 173 (1).

1926 (*Monograptus vomerinus* var. *gracilis*) GORTANI 1926, S. 10, Taf. 2, Fig. 4—6 (= Exempl. 1925).

v non 1934 (*Monograptus vomerinus* var. *gracilis*) PELTZMANN 1934a, S. 209 (= *Monoclimacis geinitzi* [BOUČEK 1932] nach H. FLÜGEL, unpubl.) (2).

v non 1942 (*Monograptus vomerinus* var. *gracilis*) HERITSCH und PELTZMANN 1942, S. 281 (= Exempl. 1934).

1943 (*Monograptus vomerinus* var. *gracilis*) HERITSCH 1943, S. 103, 104, 106, 151, 152.

Verbreitung: (1), (2) Dellacher Alm (Karnische Alpen).

Aufbewahrung: (1) Museo geologico di Bologna, (2) Univ. Graz, Geol. Pal. Inst.

Genus: *Pernerograptus* PŘIBYL 1941.

Pernerograptus argenteus (NICHOLSON 1869)

*1869 (*Graptolites argenteus*) NICHOLSON 1869, S. 239, Taf. 11, Fig. 19.

1931 (*Monograptus argenteus*) HABERFELNER 1931a, S. 112, Taf. 1, Fig. 5.

1943 (*Monograptus argenteus*) HERITSCH 1943, S. 95, 110, 111, 124, 128.

Verbreitung: Hochwipfel N, (Uggwagraben) (Karnische Alpen).

Aufbewahrung: ? Univ. Graz, Geol. Pal. Inst.

Pernerograptus cygneus cygneus (TÖRNQUIST 1892)

*1892 (*Monograptus cygneus*) TÖRNQUIST 1892, S. 16, Taf. 1, Fig. 28—31.

v1931 (*Monograptus cygneus*) HABERFELNER 1931a, S. 113, Taf. 1,
Fig. 6.
 1943 (*Monograptus cygneus*) HERITSCH 1943, S. 95, 109, 111,
128, 131, 132.

Verbreitung: Hochwipfel N, (Uggwagraben) (Karnische Alpen).
Aufbewahrung: Univ. Graz, Geol. Pal. Inst.
Bemerkungen: Aus dem (Uggwagraben und v. Casera Meledis)
ist außerdem bekannt:

Pernerograptus cygneus adriaticus (GORTANI 1920)

Pernerograptus cygneus incisus (GORTANI 1920)

*1920 (*Monograptus cygneus* var. *incisus*) GORTANI 1920, S. 31,
Taf. 2, Fig. 21—23.
 1925 (*Monograptus cygneus* var. *incisus*) GORTANI 1925a, S. 174.
 1925 (*Monograptus* cfr. *cygneus* var. *incisus*) GORTANI 1925b,
S. 217 (= Exempl. 1925a).
 1943 (*Monograptus cygneus* var. *incisus*) HERITSCH 1943, S. 95,
98, 128, 132.

Verbreitung: Rauchkofel, (Uggwagraben, Ramàz) (Karnische
Alpen).
Aufbewahrung: ? Museo geologico di Pisa.

Pernerograptus difformis (TÖRNQUIST 1899)

*1899 (*Monograptus difformis*) TÖRNQUIST 1899, S. 13, Taf. 2,
Fig. 15—17.
 1931 (*Monograptus difformis*) AIGNER 1931, S. 33, Abb. 5.
 1943 (*Monograptus difformis*) HERITSCH 1943, S. 223.

Verbreitung: Lachtalgraben b. Fieberbrunn.
Aufbewahrung: ? Univ. Graz, Geol. Pal. Inst.

Pernerograptus limatulus (TÖRNQUIST 1892)

*1892 (*Monograptus limatulus*) TÖRNQUIST 1892, S. 9, Taf. 1,
Fig. 6—8.
v non 1931 (*Monograptus limatulus*) HABERFELNER 1931a, S. 114,
Fig. 7 (= *Pernerograptus revolutus austerus* [TÖRNQUIST 1899]
nach H. FLÜGEL, unpubl.).
v non 1943 (*Monograptus limatulus*) HERITSCH 1943, S. 110, 128, 132.

Verbreitung: Hochwipfel N (Karnische Alpen).
Aufbewahrung: Univ. Graz, Geol. Pal. Inst.
Bemerkungen: Siehe auch *Demirastrites decipiens decipiens*
(TÖRNQUIST).

Pernerograptus revolutus revolutus (KURCK 1882)

*1882 (*Monograptus revolutus*) KURCK 1882, S. 299, Taf. 14, Fig. 2—4.
  1943 (*Monograptus revolutus*) HERITSCH 1943, S. 95, 96, 101 (= Material HABERFELNER, Ober Buchacher Alm = *Pernerograptus limatulus* nach H. FLÜGEL, unpubl. [1]), 116 (= Material KAHLER Hochwipfel S = *Pernerograptus* sp. nach H. FLÜGEL, unpubl. [2]), 124.

Verbreitung: (1) Ober Buchacher Alm, (2) Hochwipfel S, (Uggwagraben) (Karnische Alpen).

Aufbewahrung: (1), (2) Univ. Graz, Geol. Pal. Inst.

Bemerkungen: *Pernerograptus revolutus austerus* (TÖRNQUIST 1899) siehe bei *Pernerograptus limatulus* (TÖRNQUIST 1892)!

Genus: *Pristiograptus* JAEKEL 1889.

Subgen.: *Pristiograptus (Pristiograptus)* JAEKEL 1889.

Pristiograptus (Pristiograptus) atavus (JONES 1909)

*1909 (*Monograptus atavus*) JONES 1909, S. 531, Abb. 18a—d.
  1931 (*Monograptus atavus*) HABERFELNER 1931a, S. 115, Taf. 1, Fig. 8 (1).
  1943 (*Monograptus atavus*) HERITSCH 1943, S. 110.
v1952 (*Pristiograptus atavus*) FLÜGEL 1952, S. 153 (2).
v1953 (*Pristiograptus atavus*) FLÜGEL 1953a, S. 58 (= Exempl. 1952).
v1958 (*Pristiograptus atavus*) FLÜGEL 1958, S. 61, 63 (= Exempl. 1952).

Verbreitung: (1) Hochwipfel N (Karnische Alpen), (2) Lyditgeröll der Kainacher Gosau, Hemmerberg.

Aufbewahrung: (1) Univ. Graz, Geol. Pal. Inst. z. T. (das abgebildete Exemplar ist derzeit nicht auffindbar), (2) Univ. Graz, Geol. Pal. Inst.

Pristiograptus (Pristiograptus) bohemicus bohemicus (BARRANDE 1850)

*1850 (*Graptolithus bohemicus*) BARRANDE 1850, S. 40, Taf. 1, Fig. 15—18.
  1920 (*Monograptus bohemicus*) GORTANI 1920, S. 26, Taf. 2, Fig. 9, 10 (1).
  1925 (*Monograptus bohemicus*) GORTANI 1925a, S. 173 (= Exempl. 1920).

1934 (*Monograptus bohemicus*) PELTZMANN 1934a, S. 209 (2).
v1934 (*Monograptus zerizelliensis* HABERFELNER) PELTZMANN 1934a, S. 209 (3).
v1936 (*Monograptus bohemicus*) HABERFELNER 1936a, S. 89 (4).
v1936 (*Monograptus zerizelliensis* n. sp.) HABERFELNER 1936a, S. 87, Abb. 1a, b (siehe PŘIBYL 1948b, S. 68) (5).
1943 (*Monograptus bohemicus*) HERITSCH 1943, S. 99, 102, 105, 164.
v1943 (*Monograptus zerizelliensis*) HERITSCH 1943, S. 102, 105, 106, 164.

Verbreitung: (1) Findenig, (2), (3) Dellacher Alm, (4), (5) Bischofalm N.
Aufbewahrung: (1) Museo geologico di Pisa, (2) ?, (3)—(5) Univ. Graz, Geol. Pal. Inst.

Pristiograptus (Pristiograptus) concinnus (LAPWORTH 1876)

*1876 (*Monograptus concinnus*) LAPWORTH 1876, S. 320, Taf. 11, Fig. 1a—e.
v?1932 (*Monograptus concinnus*) HABERFELNER & HERITSCH 1932a, S. 82, 85, Abb. 9 (1).
v?1935 (*Monograptus concinnus*) HABERFELNER 1935, S. 8 (= Exempl. 1932).
v?1936 (*Monograptus concinnus*) HERITSCH 1936a, S. 155 (2).
v?1943 (*Monograptus concinnus*) HERITSCH 1943, S. 117, 128, 132, 141, 144, 232.

Verbreitung: (1) Weiritzgraben b. Eisenerz, (2) Pessendellach (Karnische Alpen).
Aufbewahrung: (1), (2) Univ. Graz, Geol. Pal. Inst.

Pristiograptus (Pristiograptus) dubius dubius (SUESS 1851)

*1851 (*Graptolithus dubius*) SUESS 1851, S. 115, Taf. 9, Fig. 5a, b.
non 1920 (*Monograptus* cfr. *dubius*) GORTANI 1920, S. 29, Taf. 2, Fig. 13 (= *Pristiograptus* [*Pristiograptus*] *dubius ludlowensis* [BOUČEK 1936]: siehe PŘIBYL 1943b, S. 4) (1).
non 1925 (*Monograptus* cf. *dubius*) GORTANI 1925a, S. 173 (= Exempl. 1920).
1930 (*Monograptus dubius*) GAERTNER 1930, S..192 (2).
1931 (*Monograptus dubius*) GAERTNER 1931, S. 131 (= Exempl. 1930).
1936 (*Monograptus dubius*) HERITSCH 1936b, S. 503 (= Exempl. 1930).
1936 (*Monograptus dubius*) HAIDEN 1936, S. 135 (= Exemplar 1937).

1937 (*Monograptus dubius*) PELTZMANN in FRIEDRICH & PELTZ-
    MANN 1937, S. 248 (3).
1943 (*Monograptus dubius*) HERITSCH 1943, S. 65, 101, 157, 164,
    227, 102 (= Material HABERFELNER, Bischofalm N (4) =
    Pristiograptus [*Pristiograptus*] *frequens* JAEKEL 1889 e. p.
    nach H. FLÜGEL [unpubl.]).

Verbreitung: (1) Nölblinggraben, (2) Cellonetta, (4) Bischofalm (Karnische Alpen), (3) Entachenalm b. Saalfelden.
    Aufbewahrung: (1) Museo geologico di Pisa, (2) Univ.
Göttingen, Geol. Pal. Inst., ? (3), (4) Univ. Graz, Geol. Pal. Inst.

Pristiograptus (Pristiograptus) gotlandicus
(PERNER 1899)

*1899 (*Monograptus gotlandicus*) PERNER 1899, S. 12, Taf. 14,
    Fig. 22.
v non 1943 (*Monograptus gotlandicus*) HERITSCH 1943, S. 102 (= Mate-
    rial HABERFELNER Bischofalm N = *Pristiograptus* [*Saeto-
    graptus*] *chimaera chimaera* [BARRANDE 1850]?: H. FLÜGEL
    [unpubl.]) (1).
1963 (*Pristiograptus gotlandicus*) H. FLÜGEL in KAHLER & PREY
    1963, S. 18 (2).

Verbreitung: (1) Bischofalm, (2) Tomritsch (Karnische
Alpen).
    Aufbewahrung: (1) Univ. Graz, Geol. Pal. Inst., (2) Geolo-
gische Bundesanstalt Wien.

Pristiograptus (Pristiograptus) gregarius
(LAPWORTH 1876)

*1876 (*Monograptus gregarius*) LAPWORTH 1876, S. 317, Taf. 10,
    Fig. 12a—c.
1920 (*Monograptus gregarius*) GORTANI 1920, S. 25, Taf. 2,
    Fig. 1—6 (1).
v1931 (*Monograptus gregarius*) HABERFELNER 1931a, S. 109, Taf. 1,
    Fig. 1 (2).
1943 (*Monograptus gregarius*) HERITSCH 1943, S. 95, 96, 97, 100,
    110, 111, 128.

Verbreitung: (1) Nölblinggraben, (2) Hochwipfel N (Uggwagraben, Casera Meledis) (Karnische Alpen).
    Aufbewahrung: (1) Museo geologico di Pisa, (2) Univ. Graz,
Geol. Pal. Inst.

Pristiograptus (Pristiograptus) jaculum (LAPWORTH 1876)

*1876 (*Monograptus hisingeri* var. *jaculum*) LAPWORTH 1876, S. 351,
    Taf. 12, Fig. 2a—d.

v1931 (*Monograptus jaculum*) HABERFELNER 1931a, S. 111, Taf. 1,
  Fig. 306 (1).
v1936 (*Monograptus jaculum*) SEELMEIER 1936, S. 218, 221 (2).
v?1936 (*Monograptus jaculum*) HERITSCH 1936a, S. 155 (3).
 1943 (*Monograptus jaculum*) HERITSCH 1943, S. 108, 109, 128,
  132, 141, 142, 144, 117 (= Material KAHLER Hochwipfel S
  [4]).
v1950 (*Monograptus jaculum*) GORTANI 1950, S. 26 (= Exempl.
  SEELMEIER 1936).

Verbreitung: (1) Hochwipfel N, (2) Gugel, (3) Pessendellach,
(4) Hochwipfel S (Karnische Alpen).
  Aufbewahrung: (1)—(3), ? (4) Univ. Graz, Geol. Pal. Inst.

Pristiograptus (Pristiograptus) cf. *kosoviensis* (BOUČEK 1931)

Z. Vergl.: 1931 (*Monograptus kosoviensis*) BOUČEK 1931,
  S. 294, 308, Abb. 1c—d.
 1953 (*Pristiograptus* [*Pristiograptus*] cf. *kosoviensis*) FLÜGEL
  1953b, S. 23.

Verbreitung: Findenig (Karnische Alpen).
  Aufbewahrung: Landesmuseum Klagenfurt, Geol. Pal. Abt.

Pristiograptus (Pristiograptus) meneghinii meneghinii
(GORTANI 1922)

*1922 (*Monograptus Meneghinii* n. f.) GORTANI 1922, S. 47, Taf. 8,
  Fig. 3—8, Taf. 12, Fig. 6 D, Taf. 13, Fig. 2 C, 4 A.
 1922 (*Monograptus sardous* var. *macilentus* n. f.) GORTANI 1922,
  S. 48, Taf. 8, Fig. 13, 14, Taf. 12, Fig. 2 (siehe PŘIBYL 1943,
  S. 12; 1948b, S. 73).
v non 1931 (*Monograptus Meneghini*) HABERFELNER 1931b, S. 887
  (= *Monoclimacis hemipristis* [MENEGHINI] nach H. FLÜGEL
  [unpubl.]) (1).
 1936 (*Monograptus paradubius* n. sp.) HABERFELNER 1936a, S. 89,
  Abb. 2a, b (2) (siehe PŘIBYL 1943b, S. 12).
v non 1943 (*Monograptus meneghinii*) HERITSCH 1943, S. 102, 154, 157.
 1943 (*Monograptus sardous* var. *macilentus*) HERITSCH 1943,
  S. 154, 157, 102 (= Material HABERFELNER, Bischofalm N
  [3]).
 1943 (*Monograptus paradubius*) HERITSCH 1943, S. 101, 153.

Verbreitung: (1), (3) Bischofalm N, (2) Oberbuchacher Alm,
Dellacher Alm (Karnische Alpen).
  Aufbewahrung: (1), ? (2), ? (3) Univ. Graz, Geol. Pal. Inst.

Pristiograptus (Pristiograptus) meneghinii giganteus (GORTANI 1922)

*1922 (*Monograptus Meneghinii* var. *giganteus* n. f.) GORTANI 1922, S. 88, Taf. 15, Fig. 1—6, Taf. 18, Fig. 1, 2, 3, 10 B.

 1922 (*Monograptus tyrrhenus* n. f.) GORTANI 1922, S. 89, Taf. 15, Fig. 7—10, Taf. 18, Fig. 4—6 (siehe PŘIBYL 1943b, S. 13).

v1931 (*Monograptus tyrrhenus*) HABERFELNER 1931b, S. 887 (= *Pristiograptus* [*Pristiograptus*] *sardous sardous* [GORTANI] e. p. nach H. FLÜGEL [unpubl.]).

 1943 (*Monograptus tyrrhenus*) HERITSCH 1943, S. 102, 154, 157.

Verbreitung: Bischofalm N (Karnische Alpen).
Aufbewahrung: Univ. Graz, Geol. Pal. Inst.

Pristiograptus (Pristiograptus) nilssoni (LAPWORTH 1876)

*1876 (*Monograptus Nilssoni*) LAPWORTH 1876, S. 315, Taf. 10, Fig. 7a—c.

 1963 (*Pristiograptus nilsoni*) H. FLÜGEL in KAHLER & PREY 1963, S. 18.

?1963 (*Pristiograptus* cf. *nilsoni*) H. FLÜGEL in KAHLER & PREY 1963, S. 18.

?1964 (*Pristiograptus* cf. *nilsoni*) PREY in BACHMANN & SCHMIDT 1964, S. 53 (= Exempl. 1963).

Verbreitung: Tomritsch (Karnische Alpen).
Aufbewahrung: Geol. Bundesanst. Wien.

Pristiograptus (Pristiograptus) nudus nudus (LAPWORTH 1880)

*1880 (*Monograptus hisingeri* var. *nudus*) LAPWORTH 1880, S. 156, Taf. 4, Fig. 7a—c.

non 1920 (*Monograptus nudus*) GORTANI 1920, S. 28, Taf. 2, Fig. 11, 12 (= *Pristiograptus* [*Pristiograptus*] *nudus pristinus* PŘIBYL 1940a, S. 4) (1).

 1923 (*Monograptus nudus*) GORTANI 1923, S. 5, Taf. 1, Fig. 7 (2).

 1924 (*Monograptus nudus*) GORTANI 1924a, S. 407 (= Exempl. 1923).

 1925 (*Monograptus nudus*) GORTANI 1925a, S. 173, 174, Fußn. 2 (3).

 1925 (*Monograptus nudus*) GORTANI 1925b, S. 217 (= Exempl. 1925a).

v?1931 (*Monograptus* cf. *nudus*) AIGNER 1931, S. 32, Abb. 4 (5).

 1943 (*Monograptus nudus*) HERITSCH 1943, S. 95, 96, 97, 107, 112, 114, 132, 141, 142, 223, 115 (= Material KAHLER Hochwipfel S [4]).

1950 (*Monograptus nudus*) GORTANI 1950, S. 26 (= Exempl. 1925).

Verbreitung: (1) (Casera Meledis, Cristo di Timau, Uggwa-graben), (2), (4) Hochwipfel S, (3) Gundersheimer Alm; nach HERITSCH 1943 auch Findenig (Karnische Alpen), (5) Lachtalgraben b. Fieberbrunn.

Aufbewahrung: (2) Museo geologico di Bologna, (3) ? Museo geologico di Pisa, ? Museo geologico di Pavia, (4) (5), Univ. Graz, Geol. Pal. Inst.

Pristiograptus (Pristiograptus) pseudodubius (BOUČEK 1932)

1932 (*Monograptus pseudodubius*) BOUČEK 1932b, S. 150, Abb. 2e—f.

1943 (*Monograptus pseudodubius*) HERITSCH 1943, S. 101.

Bemerkungen: HERITSCH zitiert BOUČEK, der „*Monograptus paradubius* HABERFELNER 1936" für seinen *M. pseudodubius* hält. Siehe *Pristiograptus (Pristiograptus) meneghinii meneghinii*!

Pristiograptus (Pristiograptus) regularis regularis (TÖRNQUIST 1899)

*1899 (*Monograptus regularis*) TÖRNQUIST 1899, S. 7, Taf. 1, Fig. 9—14.

1943 (*Monograptus regularis*) HERITSCH 1943, S. 169.

Verbreitung: Hochwipfel S, Karnische Alpen (nach HERITSCH 1943).

Aufbewahrung: ? Univ. Graz, Geol. Pal. Inst.

(*Pristiograptus [Pristiograptus] regularis alpha* HABERFELNER 1931])

*v1931 (*Monograptus regularis* mut. *alpha*) HABERFELNER 1931a, S. 110, Taf. 1, Fig. 2 (= *Pristiograptus [Pristiograptus] regularis regularis* [TÖRNQUIST] nach H. FLÜGEL, unpubl.).

v1943 (*Monograptus regularis* mut. *alpha*) HERITSCH 1943, S. 110, 111, 142, 145, 146.

Verbreitung: Hochwipfel N, Zone 22 (?23) (Karnische Alpen).
Aufbewahrung: Univ. Graz, Geol. Pal. Inst., Inv. Nr. 1512.

Pristiograptus (Pristiograptus) sardous sardous (GORTANI 1922)

*1922 (*Monograptus sardous*) GORTANI 1922, S. 47, Taf. 8, Fig. 9—12, Taf. 12, Fig. 1 A, 3 A, Taf. 13, Fig. 2 D, 6 B.

v non1931 (*Monograptus sardous*) AIGNER 1931, S. 34, Abb. 6a, b (siehe F. HERITSCH 1936c, S. 222/Fußnote) (1).

v1931 (*Monograptus sardous*) HABERFELNER 1931b, S. 887 (2).
 1943 (*Monograptus sardous*) HERITSCH 1943, S. 102, 154, 157.
?1965 (*Monograptus sardous*) MOSTLER 1965, S. 163 (3).

Verbreitung: (1), (3) Lachtalgraben bei Fieberbrunn, (2) Bischofalm N (Karnische Alpen).
Aufbewahrung: (1), (2) Univ. Graz, Geol. Pal. Inst. (3) Univ. Innsbruck, Geol. Pal. Inst.

Pristiograptus (Pristiograptus) sardous eximius (GORTANI 1922)

*1922 (*Monograptus sardous* var. *eximius*) GORTANI 1922, S. 90, Taf. 15, Fig. 11—14, Taf. 18, Fig. 7—9.
v1936 (*Monograptus sardous*) HAIDEN 1936, S. 135 (= Exempl. 1937).
v1937 (*Monograptus sardous* var. *eximius*) PELTZMANN in FRIEDRICH & PELTZMANN 1937, S. 248, Abb. 1 (1).
v1943 (*Monograptus sardous* var. *eximius*) HERITSCH 1943, S. 154, 157, 227, 102 (= Material HABERFELNER Bischofalm N) (2).

Verbreitung: (1) Entachenalm b. Saalfelden, (2) Bischofalm N (Karnische Alpen).
Aufbewahrung: Univ. Graz, Geol. Pal. Inst.

Pristiograptus (Pristiograptus) sardous macilentus (GORTANI 1922) siehe bei *Pristiograptus (Pristiograptus) meneghinii meneghinii*.

Pristiograptus (Pristiograptus) sumptuosus PŘIBYL 1941

*1941 (*Pristiograptus sumptuosus*) PŘIBYL 1941c, S. 7, Taf. 1, Fig. 9.
 1963 (*Pristiograptus sumptuosus*) H. FLÜGEL in KAHLER & PREY 1963, S. 18.

Verbreitung: Tomritsch (Karnische Alpen).
Aufbewahrung: Geol. Bundesanstalt, Wien.

Pristiograptus (Pristiograptus) transgrediens transgrediens (PERNER 1899)

*1899 (*Monograptus transgrediens*) PERNER 1899, S. 13, Taf. 17, Fig. 24.
 1943 (*Monograptus transgrediens*) HERITSCH 1943, S. 106, 165.
 1963 (*Pristiograptus [P.] transgrediens transgrediens*) H. FLÜGEL 1963, S. 408 (= Exempl. 1943).

Verbreitung: Dellacher Alm (Karnische Alpen).
Aufbewahrung: ? Univ. Graz, Geol. Pal. Inst.

Pristiograptus (Pristiograptus) tumescens tumescens (WOOD 1900)

*1900 (*Monograptus tumescens*) WOOD 1900, S. 458, Abb. 11, Taf. 25, Fig. 5a, b.
v1934 (*Monograptus tumescens*) PELTZMANN 1934a, S. 202, Taf. 1, Fig. 2 (1).
 1936 (*Monograptus tumescens*) HAIDEN 1936, S. 135 (= Exempl. 1937).
 1936 (*Monograptus tumescens*) HERITSCH 1936c, S. 222 (= Exempl. 1937).
 1937 (*Monograptus tumescens*) PELTZMANN in FRIEDRICH & PELTZMANN 1937, S. 249 (2).
 1943 (*Monograptus tumescens*) HERITSCH 1943, S. 105, 164, 227.
 1953 (*Pristiograptus [Pristiograptus] tumescens tumescens*) FLÜGEL 1953b, S. 22 (3).

Verbreitung: (1) Dellacher Alm, (3) Findenig (Karnische Alpen), (2) Entachenalm b. Saalfelden.
Aufbewahrung: (1), ? (2) Univ. Graz, Geol. Pal. Inst., (3) Landesmus. Klagenfurt, Geol. Pal. Abt.

Pristiograptus (Pristiograptus) tumescens minor (Mc COY 1855)

*1855 (*Graptolites ludensis* var. *minor*) Mc COY, S. 5 (siehe PŘIBYL 1943b, S. 20).
 1943 (*Monograptus tumescens* var. *minor*) HERITSCH 1943, S. 102, 165 (Material HABERFELNER).
 1963 (*Pristiograptus [P.] tumescens minor*) H. FLÜGEL 1963, S. 408 (= Exempl. 1943).

Verbreitung: Bischofalm N (Karnische Alpen).
Aufbewahrung: ? Univ. Graz, Geol. Pal. Inst.

Pristiograptus (Pristiograptus) ultimus (PERNER 1899)

*1899 (*Monograptus ultimus*) PERNER 1899, S. 13, Abb. 14a, b, Taf. 16, Fig. 4, 5, 11a, b.
v non 1943 (*Monograptus ultimus*) HERITSCH 1943, S. 102, 165 (= Material HABERFELNER Bischofalm N: e. p. *Monoclimacis vomerina subgracilis* PŘIBYL, *Pristiograptus [Pristiograptus] meneghinii meneghinii* [GORTANI] nach H. FLÜGEL, unpubl.).
v non 1963 (*Pristiograptus [P.] ultimus*) H. FLÜGEL 1963, S. 408 (= Exempl. 1943).

Verbreitung: Bischofalm N (Karnische Alpen).
Aufbewahrung: Univ. Graz, Geol. Pal. Inst.

Pristiograptus (Pristiograptus) variabilis (PERNER 1897)

*1897 (*Monograptus jaculum* var. *variabilis*) PERNER 1897, S. 12, Taf. 13, Fig. 10—15.

v1931 (*Monograptus variabilis*) AIGNER 1931, S. 31, Abb. 3a, b (1).

v1931 (*Monograptus variabilis*) HABERFELNER 1931a, S. 112, Taf. 1, Fig. 4a, b (2).

v1943 (*Monograptus variabilis*) HERITSCH 1943, S. 109, 111, 142, 145, 170, 223.

1953 (*Pristiograptus* [*Pristiograptus*] *variabilis*) FLÜGEL 1953b, S. 25 (3).

Verbreitung: (1) Lachtalgraben b. Fieberbrunn, (2) Hochwipfel N, (3) Zollner See S-Ufer; nach HERITSCH 1943 auch Hochwipfel S und Findenig (Karnische Alpen).

Aufbewahrung: (1)—(2) Univ. Graz, Geol. Pal. Inst., (3) Landesmus. Klagenfurt, Geol. Pal. Abt.

Pristiograptus (Pristiograptus) vicinus (PERNER 1899)

*1899 (*Monograptus vicinus*) PERNER, T. III B, S. 13, Taf. 14, Fig. 25a—b.

1900 (*Monograptus comis*) WOOD 1900, S. 459, Taf. 25, Fig. 8a, b, Textfig. 12 (siehe PŘIBYL 1948b, S. 78, 90).

v1936 (*Monograptus comis*) HABERFELNER 1936b, S. 214.

v1943 (*Monograptus comis*) HERITSCH 1943, S. 163.

Verbreitung: Bischofalm N (Karnische Alpen).
Aufbewahrung: Univ. Graz, Geol. Pal. Inst.

Pristiograptus (Pristiograptus) vulgaris vulgaris (WOOD 1900)

*1900 (*Monograptus vulgaris*) WOOD 1900, S. 455, Taf. 25, Fig. 2.

?1930 (*Monograptus* cf. *vulgaris*) GAERTNER 1930, S. 192 (1).

?1931 (*Monograptus* cf. *vulgaris*) GAERTNER 1931, S. 131 (= Exempl. 1930).

?1936 (*Monograptus* cf. *vulgaris*) HERITSCH 1936b, S. 503 (= Exempl. 1930).

1936 (*Monograptus vulgaris*) HAIDEN 1936, S. 135 (= Exempl. 1937).

1936 (*Monograptus vulgaris*) HERITSCH 1936c, S. 222 (= Exempl. 1937).

v1937 (*Monograptus vulgaris*) PELTZMANN in FRIEDRICH & PELTZMANN 1937, S. 249 (2).

1943 (*Monograptus vulgaris*) HERITSCH 1943, S. 69, 227.

Verbreitung: (1) Cellonetta (Karnische Alpen), (2) Entachenalm b. Saalfelden.

Aufbewahrung: (1) ? Univ. Göttingen, Geol. Pal. Inst., (2) Univ. Graz, Geol. Pal. Inst.

Subgen.: *Pristiograptus* (*Colonograptus*) Přibyl 1942.

Pristiograptus (Colonograptus) colonus colonus (Barrande 1850)

*1850 (*Graptolithus colonus*) Barrande 1850, S. 42, Taf. 2, Fig. 2—3 (non Fig. 1, 4, 5) (siehe Přibyl 1942d, S. 4).

1888 („Graptolithen aus der Gruppe der geradgestreckten *Monograptus colonus*") Gümbel 1888, S. 189, 190 (1).

1910 (*Monograptus colonus*) Vinassa & Gortani 1910, S. 1006, 1011 (2).

1920 (*Monograptus colonus*) Gortani 1920, S. 32, Taf. 2, Fig. 28, 29 (3).

1925 (*Monograptus colonus*) Gortani 1925a, S. 173 (= Exempl. 1920).

1926 (*Monograptus colonus*) Gortani 1926, S. 6 (= Exempl. 1920).

1928 (*Monograptus colonus*) Heritsch 1928, S. 333 (Material Geyer) (4).

1929 (*Monograptus colonus*) Heritsch 1929a, S. 83, 160 (= Exempl. 1928).

1930 (*Monograptus colonus*) Aigner 1930, S. 223 (= Exempl. 1888).

?1930 (*Monograptus colonus*) Gaertner 1930, S. 192 (5).

?1931 (*Monograptus* cf. *colonus*) Gaertner 1931, S. 131 (= Exempl. 1930).

1931 (*Monograptus colonus*) Gaertner 1931, S. 131 (= Exempl. 1928).

?1936 (*Monograptus* cf. *colonus*) Heritsch 1936b, S. 503 (= Exempl. 1930).

1936 (*Monograptus colonus*) Haiden 1936, S. 135 (= Exempl. 1937).

v1937 (*Monograptus colonus*) Peltzmann in Friedrich & Peltzmann 1937, S. 249 (6).

1943 (*Monograptus colonus*) Heritsch 1943, S. 15, 65, 99, 101, 164, 223, 227, 102 (Material Haberfelner, Bischofalm N [7]).

Verbreitung: (1) Schwarzleotal b. Saalfelden, (6) Entachenalm b. Saalfelden (Grauwackenzone), (2) Findenig, (Uggwagraben), (3) Findenig, Nölblinggraben, (4), (5) Cellonetta, (7) Bischofalm (Karnische Alpen).

Aufbewahrung: (1), (4) unbekannt, (2), (3) Museo geologico di Pisa, (5) Univ. Göttingen, Geol. Pal. Inst., (6), (7) Univ. Graz, Geol. Pal. Inst.

Pristiograptus (Colonograptus) roemeri (Barrande 1850)

*1850 (*Graptolithus roemeri*) Barrande 1850, S. 41, Taf. 2, Fig. 9—10.

v1936 (*Monograptus Roemeri*) HAIDEN 1936, S. 135 (= Exempl. 1937).

v1936 (*Monograptus roemeri*) HERITSCH 1936c, S. 222 (= Exempl. 1937).

v1937 (*Monograptus roemeri*) PELTZMANN in FRIEDRICH & PELTZMANN 1937, S. 249.

v1943 (*Monograptus roemeri*) HERITSCH 1943, S. 227.

    Verbreitung: Entachenalm b. Saalfelden.

    Aufbewahrung: Univ. Graz, Geol. Pal. Inst.

    Subgen.: *Pristiograptus (Saetograptus)* PŘIBYL 1942.

Pristiograptus (Saetograptus) chimaera chimaera (BARRANDE 1850)

*1850 (*Graptolithes chimaera*) BARRANDE 1850, S. 52, Taf. 4, Fig. 34—35.

v?1936 (*Monograptus* aff. *chimaera*) HABERFELNER 1936a, S. 89 (1).

v1936 (*Monograptus chimaera*) HAIDEN 1936, S. 135 (= Exempl. 1937).

v1936 (*Monograptus chimaera*) HERITSCH 1936c, S. 222 (= Exempl. 1937).

v1937 (*Monograptus chimaera*) PELTZMANN in FRIEDRICH & PELTZMANN 1937, S. 249, Abb. 3 (2).

v1943 (*Monograptus chimaera*) HERITSCH 1943, S. 102, 164, 227.

    Verbreitung: (1) Bischofalm N (Karnische Alpen), (2) Entachenalm b. Saalfelden.

    Aufbewahrung: (1), (2) Univ. Graz, Geol. Pal. Inst.

Pristiograptus (Saetograptus) chimaera salweyi (LAPWORTH 1880)

*1880 (*Monograptus salweyi*) LAPWORTH 1880, S. 150, Taf. 4, Fig. 2a, b.

 1937 (*Monograptus chimaera* var. *salweyi*) PELTZMANN in FRIEDRICH & PELTZMANN 1937, S. 249, Abb. 4.

 1943 (*Monograptus chimaera* var. *salweyi*) HERITSCH 1943, S. 227.

    Verbreitung: Entachenalm b. Saalfelden.

    Aufbewahrung: ? Univ. Graz, Geol. Pal. Inst.

    Pristiograptus (incert. subgen.)

Pristiograptus (? subgen.) *argutus* (LAPWORTH 1876)

*1876 (*Monograptus argutus*) LAPWORTH 1876, S. 318, Taf. 10, Fig. 13a—c.

 1963 (*Pristiograptus argutus*) H. FLÜGEL in KAHLER & PREY 1963, S. 18.

Verbreitung: Tomritsch, (Uggwagraben, Casera Meledis, Ramàz) (Karnische Alpen).
Aufbewahrung: Geologische Bundesanstalt Wien.

Pristiograptus (? subgen.) *cyphus* (LAPWORTH 1876)

*1876 (*Monograptus cyphus*) LAPWORTH 1876, S. 352, Taf. 12, Fig. 3a, c.
1943 (*Monograptus cyphus*) HERITSCH 1943, S. 101 (1).
1963 (*Pristiograptus cyphus*) H. FLÜGEL in KAHLER & PREY 1963, S. 18 (2).

Verbreitung: (1) Ober Buchacher Alm, (2) Tomritsch (Karnische Alpen).
Aufbewahrung: (1) unbekannt, (2) Geologische Bundesanstalt Wien.

Pristiograptus (? subgen.) *incommodus* (TÖRNQUIST 1899)

*1899 (*Monograptus incommodus*) TÖRNQUIST 1899, S. 11, Taf. 2, Fig. 1—5.
v1931 (*Monograptus incommodus*) HABERFELNER 1931a, S. 117, Taf. 1, Fig. 10 (1).
1943 (*Monograptus incommodus*) HERITSCH 1943, S. 95, 96, 97, 110, 124, 128.
1963 (*Pristiograptus incommodus*) H. FLÜGEL in KAHLER & PREY 1963, S. 18 (2).

Verbreitung: (1) Hochwipfel N, (2) Tomritsch, (Uggwagraben, Casera Meledis) (Karnische Alpen).
Aufbewahrung: (1) Univ. Graz, Geol. Pal. Inst., (2) Geologische Bundesanstalt Wien.

Pristiograptus (? subgen.) *sandersoni* (LAPWORTH 1876)

*1876 (*Monograptus Sandersoni*) LAPWORTH 1876, S. 320, Taf. 11, Fig. 2a—e.
v1931 (*Monograptus cf. Sandersoni*) HABERFELNER 1931a, S. 115, Taf. 1, Fig. 9 (1).
1943 (*Monograptus sanderssoni*) HERITSCH 1943, S. 110, 124, 128.
1963 (*Pristiograptus sandersoni*) H. FLÜGEL in KAHLER & PREY 1963, S. 18 (2).

Verbreitung: (1) Hochwipfel N, (2) Tomritsch (Karnische Alpen).
Aufbewahrung: (1) Univ. Graz, Geol. Pal. Inst., (2) Geologische Bundesanstalt Wien.

Genus: *Rastrites* BARRANDE 1850.

Rastrites approximatus approximatus PERNER 1897

*1897 (*Rastrites peregrinus* var. *approximatus*) PERNER 1897, S. 15,
  Taf. 13, Fig. 36—40, 42 (?), 43 (?).
 1936 (*Rastrites approximatus*) HABERFELNER 1936a, S. 92.
 1941 (*Rastrites approximatus approximatus*) PŘIBYL 1941b, S. 7,
  Taf. 1, Fig. 6—7, Taf. 2, Fig. 9—10.
 1943 (*Rastrites approximatus*) HERITSCH 1943, S. 86, 97, 101, 107,
  128, 130, 132.

Verbreitung: Saugraben E Gundersheimer Alm, (Uggwagraben, Casera Meledis, Forcella Morarêt) (Karnische Alpen).
Aufbewahrung: ? Univ. Graz, Geol. Pal. Inst.

Rastrites cf. approximatus approximatus PERNER 1897

v?1931 (*Rastrites* sp. [*R. hybridus* oder *R. approximatus*) HERITSCH
  1931a, S. 206.
v?1943 (*Rastrites* sp. [*R. approximatus* oder *R. hybridus*) HERITSCH
  1943, S. 206, 342 (= Exempl. 1931).
v?1953 (*Rastrites* cf. *approximatus*) FLÜGEL 1953a, S. 58 (= Exempl.
  1931).
v?1958 (*Rastrites* sp.) FLÜGEL 1958, S. 60 (= Exempl. 1931).
v?1961 (*Rastrites* cf. *approximatus*) FLÜGEL 1961, S. 36 (= Exempl.
  1931. Der Rest ist nach H. FLÜGEL so schlecht erhalten,
  daß eine Bestimmung kaum möglich ist).

Verbreitung: Heuberggraben b. Mixnitz.
Aufbewahrung: Univ. Graz, Geol. Pal. Inst.
Bemerkungen: Die Graptolithennatur des obigen Fundes ist
zweifelhaft.

Rastrites approximatus geinitzi TÖRNQUIST 1907

*1907 (*Rastrites approximatus* var. *Geinitzi*) TÖRNQUIST 1907, S. 10,
  Taf. 1, Fig. 32—41.
 1920 (*Monograptus* [*Rastrites*] *approximatus* var. *Geinitzi*) GOR-
  TANI 1920, S. 50, Abb. 2, Taf. 3, Fig. 41—43 (1).
 1925 (*Rastrites approximatus* var. *Geinitzi*) GORTANI 1925a, S. 174
  (= Exempl. 1920).
 1941 (*Rastrites approximatus* var. *geinitzi*) F. & H. HERITSCH
  1941, S. 130 (2).
 1943 (*Rastrites approximatus* var. *geinitzi*) HERITSCH 1943, S. 96,
  97, 100, 130, 132.

Verbreitung: (1) Nölblinggraben IIa, (2) Feistritzgraben,
(Uggwagraben, Casera Meledis) (Karnische Alpen).
Aufbewahrung: (1) Museo geologico di Pisa, (2) Univ. Graz,
Geol. Pal. Inst.

Rastrites carnicus SEELMEIER 1936

*v1936 (*Rastrites carnicus*) SEELMEIER 1936, S. 223, Abb. 4.
v1942 (*Rastrites carnicus*) PŘIBYL 1942b, S. 6 (= Exempl. 1936).
v1943 (*Rastrites carnicus*) HERITSCH 1943, S. 108, 143.

Typus: Holotypus durch Monotypie ist das von SEELMEIER 1936, Abb. 4, abgebildete Exemplar.
Locus typicus: Gugel, Karnische Alpen.
Stratum typicum: Zone 22 (SEELMEIER 1936: 224).
Aufbewahrung: Univ. Graz, Geol. Pal. Inst., Inv. Nr. 1712.
Verbreitung: Siehe Typus.

Rastrites equidistans ELLES & WOOD 1913

nach PŘIBYL 1941b, S. 13, ein Synonym von *R. distans* LAPWORTH 1876!
*1913 (*Monograptus [Rastrites] equidistans*) ELLES & WOOD 1913, S. 500, Taf. 51, Fig. 2a—e.
 1923 (*Monograptus [Rastrites] aequidistans*) GORTANI 1923, S. 21, Taf. 1, Fig. 46, 47 (1).
 1924 (*Monograptus [Rastrites] aequidistans*) GORTANI 1924a, S. 407 (= Exempl. 1923).
 1925 (*Rastrites aequidistans*) GORTANI 1925a, S. 174 (= Exempl. 1923).
v1931 (*Rastrites aequidistans*) HABERFELNER 1931a, S. 159, Taf. 3, Fig. 11a, b, 13a (= *Rastrites* sp. nach H. FLÜGEL, unpubl.) (2).
 1936 (*Rastrites aequidistans*) SEELMEIER 1936, S. 219, 220, 221 (3).
 1943 (*Rastrites aequidistans*) HERITSCH 1943, S. 108, 109, 111, 112, 143.

Verbreitung: (1) Hochwipfel S, (2) Hochwipfel N, (3) Gugel (Karnische Alpen).
Aufbewahrung: (1) Museo geologico di Bologna, (2), ? (3) Univ. Graz, Geol. Pal. Inst.

Rastrites fugax BARRANDE 1850

*1850 (*Rastrites fugax*) BARRANDE 1850, S. 66, Taf. 4, Fig. 1.
 1931 (*Rastrites fugax*) HABERFELNER 1931a, S. 162, Taf. 1, Fig. 9a, b, Taf. 3, Fig. 14 (1).
v1936 (*Rastrites fugax*) SEELMEIER 1936, S. 218, 221 (2).

Verbreitung: (1) Hochwipfel N, (2) Gugel (Karnische Alpen).
Aufbewahrung: ? (1), (2) Univ. Graz, Geol. Pal. Inst.

(Rastrites geyeri HABERFELNER 1931)

v1931 (*Rastrites Geyeri*) HABERFELNER 1931b, S. 881, 884, 890, Abb. 3a—i.

v1931 (*Rastrites   Geyeri*) HABERFELNER   1931a,   Tab. S. 154
       (= Exempl. 1931b).
v1936 (*Rastrites Geyeri*) HERITSCH 1936a, S. 57, 61, 62 (= Exempl.
       1931b).
v1941 (? *Rastrites geyeri*) PŘIBYL 1941b, S. 16 (= Exempl. 1931b).
v1943 (*Rastrites geyeri*) HERITSCH 1943, S. 31, 123, 645 (= Exempl.
       1931b).
v1959 (*Polygnathus* sp.) ZIEGLER in FLÜGEL & GRÄF & ZIEGLER
       1959, S. 154, Abb. 1, 2 (S. 155) (= Exempl. 1931b).

Verbreitung: Polinik S-Hang, Weidegger Höhe (Karnische
Alpen).
Aufbewahrung: Univ. Graz, Geol. Pal. Inst., Inv. Nr. 1076.
Bemerkungen: Bereits von PŘIBYL 1941b: 16 wurde die
Vermutung ausgesprochen, daß es sich wohl um einen Conodonten
handle. HERITSCH 1943: 31 schloß sich dieser Ansicht, welche
später von ZIEGLER in FLÜGEL & GRÄF & ZIEGLER 1959 bestätigt
wurde, an.

Rastrites hybridus hybridus LAPWORTH 1876

*1876 (*Rastrites peregrinus* var. *hybridus*) LAPWORTH 313, Taf. 10,
       Fig. 5.
 1942 (*Rastrites hybridus hybridus*) PŘIBYL 1942b, S. 2, Taf. 1,
       Fig. 8—10.
vnon1936 (*Rastrites hybridus*) HABERFELNER 1936a, S. 92 (= *Rastrites
       peregrinus peregrinus* BARRANDE 1850 nach H. FLÜGEL,
       unpubl.) (1).
 1936 (*Rastrites hybridus*) SEELMEIER 1936, S. 218 (2).
 1943 (*Rastrites hybridus*) HERITSCH 1943, S. 101, 108, 130, 142.

Verbreitung: (1) Saugraben E Gundersheimer Alm, (2) Gugel
(Karnische Alpen).
Aufbewahrung: (1), ? (2) Univ. Graz, Geol. Pal. Inst.
Bemerkungen: Siehe auch bei *Rastrites* cf. *approximatus
approximatus*.

Rastrites linnaei BARRANDE 1850

*1850 (*Rastrites Linnaei*) BARRANDE 1850, S. 65, Taf. 4, Fig. 2, 4.
 1923 (*Monograptus* [*Rastrites*] *Linnaei*) GORTANI 1923, S. 20,
       Taf. 1, Fig. 43—45 (1).
 1924 (*Monograptus* [*Rastrites*] *Linnaei*) GORTANI 1924a, S. 407
       (= Exempl. 1923).
 1925 (*Rastrites Linnaei*) GORTANI 1925a, S. 174 (= Exempl.
       1923).

v?1931 (*Rastrites Linnaei*) HABERFELNER 1931a, S. 160, Taf. 3,
Fig. 12 (nach H. FLÜGEL, unpubl., nicht sicher bestimm-
bar) (2).
v1936 (*Rastrites linnaei*) SEELMEIER 1936, S. 218, 219, 220, 221 (3).
  1943 (*Rastrites linnaei*) HERITSCH 1943, S. 108, 109, 111, 112, 140,
143, 115—116—117 (= Material KAHLER, Hochwipfel S:
e. p. *Rastrites linnaei*, e. p. *Rastrites maximus* CARRUTHERS
nach H. FLÜGEL, unpubl.) (4).

Verbreitung: (1), (4) Hochwipfel S, (2) Hochwipfel N, (3)
Gugel (Karnische Alpen).
Aufbewahrung: (1) Museo geologico di Bologna, (2)—(4)
Univ. Graz, Geol. Pal. Inst.

Rastrites mathildae HABERFELNER 1931

*v1931 (*Rastrites Mathildae*) HABERFELNER 1931a, S. 158, Taf. 3,
Fig. 10a, b.
  1941 (*Rastrites mathildae*) PŘIBYL 1941b, S. 16.
  1943 (*Rastrites mathildae*) HERITSCH 1943, S. 109, 111, 132.

Typus: Lectotypus (PŘIBYL 1941b: 16) ist das von HABER-
FELNER 1931a, Taf. 3, Fig. 10a, abgebildete Exemplar, Inv.
Nr. 1536: Univ. Graz, Geol. Pal. Inst.
Locus typicus: Hochwipfel N, Karnische Alpen.
Stratum typicum: Zone 21 (nach HABERFELNER).
Verbreitung und Aufbewahrung: Siehe Typus.
Bemerkungen: Von PŘIBYL 1941b, S. 17, wurde eine Synony-
misierung mit *Rastrites rastrum* (RICHTER 1853) erwogen; H. FLÜGEL
(unpubl.) schloß sich dieser Ansicht an.

Rastrites maximus CARRUTHERS 1867

*1867 (*Rastrites maximus*) CARRUTHERS 1867, S. 541, Abb. 6.
  1923 (*Monograptus* [*Rastrites*] *maximus*) GORTANI 1923, S. 19,
Taf. 1, Fig. 48 (1).
  1924 (*Monograptus* [*Rastrites*] *maximus*) GORTANI 1924a, S. 407
(= Exempl. 1923).
  1925 (*Rastrites maximus*) GORTANI 1925a, S. 174 (= Exempl.
1923).
v non 1931 (*Rastrites maximus*) HABERFELNER 1931a, S. 161, Taf. 3,
Fig. 13a, b (siehe PŘIBYL 1941b, S. 15; nach H. FLÜGEL
(unpubl.) = *Rastrites linnaei* BARRANDE e. p. und *Rastrites*
n. sp. e. p.) (2).
v1936 (*Rastrites maximus*) SEELMEIER 1936, S. 219, 220 (3).
  1943 (*Rastrites maximus*) HERITSCH 1943, S. 108, 110, 111, 112,
115, 131, 143, 116 (= Material KAHLER Hochwipfel S) (4).

Verbreitung: (1), (4) Hochwipfel S, (2) Hochwipfel N, (3) Gugel (Karnische Alpen).

Aufbewahrung: (1) Museo geologico di Bologna, (2)—(4) Universität Graz, Geol. Pal. Inst.

Rastrites peregrinus peregrinus BARRANDE 1850

*1850 (*Rastrites peregrinus*) BARRANDE 1850, S. 67, Taf. 4, Fig. 6.
  1923 (*Monograptus [Rastrites] peregrinus*) GORTANI 1923, S. 18, Taf. 1, Fig. 41, 42 (1).
  1924 (*Monograptus [Rastrites] peregrinus*) GORTANI 1924a, S. 407 (= Exempl. 1923).
  1925 (*Monograptus [Rastrites] peregrinus*) GORTANI 1925a, S. 174 (= Exempl. 1923).
  1943 (*Rastrites peregrinus*) HERITSCH 1943, S. 93, 101, 112, 130, 132, 143 (z. T. Material HABERFELNER, Gundersheimer Alm) (2).

Verbreitung: (1) Hochwipfel S, (2) Saugraben E Gundersheimer Alm, (Uggwagraben?) (Karnische Alpen).

Aufbewahrung: (1) Museo geologico di Bologna, (2) Univ. Graz, Geol. Pal. Inst.

Rastrites peregrinus socialis TÖRNQUIST 1907

*1907 (*Rastrites peregrinus* var. *socialis*) TÖRNQUIST 1907, S. 8, Taf. 1, Fig. 27—31.
vnon1931 (*Rastrites peregrinus* var. *socialis*) HABERFELNER 1931a, S. 157, Taf. 3, Fig. 9a, b (= e. p. *Rastrites fugax* BARRANDE, *Rastrites linnaei* BARRANDE und unbestimmbare Stücke nach H. FLÜGEL, unpubl.).
vnon1943 (*Rastrites peregrinus* var. *socialis*) HERITSCH 1943, S. 110, 111, 130, 143.

Verbreitung: Hochwipfel N (Karnische Alpen).
Aufbewahrung: Univ. Graz, Geol. Pal. Inst.

Rastrites sp.

v?1931 (*Rastrites* sp. [*R. hybridus* oder *R. approximatus*]) HERITSCH 1931a, S. 206 (siehe auch bei *R.* cf. *approximatus approximatus*) (1).
  1932 (*Rastrites* sp.) HERITSCH & THURNER 1932, S. 93 (2).
  1934 (*Rastrites* sp.) PELTZMANN 1934b, S. 88 (3).
  1958 (*Rastrites* sp.) H. FLÜGEL 1958, S. 60 (= Exempl. 1931).

Verbreitung: (1) Heuberggraben b. Mixnitz, (2) Olach b. Murau, (3) Weg Hüttau—Hochgründeck (Grauwackenzone).

Aufbewahrung: (1) Univ. Graz, Geol. Pal. Inst., (2), (3) unbekannt.

Bemerkungen: Aus dem Brixener Quarzphyllit (Weg Afers—Vilnößtal) beschrieb I. PELTZMANN 1935, S. 195, *Rastrites* sp., wobei sie den Fund mit „*Rastrites Geyeri*" bzw. *Rastrites hybridus* verglich. Es handelt sich dabei jedoch um keinen Graptolithenrest (Univ. Graz, Geol. Pal. Inst., Inv. Nr. 1845).

Genus: Spirograptus GÜRICH 1908.

Spirograptus ellisi (HABERFELNER 1931)

*1931 (*Monograptus Ellisi*) HABERFELNER 1931a, S. 146, Taf. 3, Fig. 5a—d.

1943 (*Monograptus ellisi*) HERITSCH 1943, S. 110, 111, 142, 144.

1944 (*Spirograptus ellisi*) PŘIBYL 1944c, S. 38.

Typus: Lectotypus (PŘIBYL 1944c, S. 38) ist das von HABERFELNER 1931a, Taf. 3, Fig. 5c abgebildete Exemplar.

Locus typicus: Hochwipfel N, Karnische Alpen.

Stratum typicum: Zone des *Rastrites linnaei*.

Bemerkungen: H. FLÜGEL (unpubl.) konnte im Originalmaterial HABERFELNERS keine Form finden, die mit den Abbildungen und Beschreibungen HABERFELNERS übereinstimmt. Die von HABERFELNER angeführten Stücke 297/1 und 297/2 (Druck und Gegendruck) zeigen nur „Graptolithenhäcksel" (Inv.-Nr. 1507: Univ. Graz, Geol. Pal. Inst.).

Verbreitung und Aufbewahrung: Siehe oben.

Spirograptus flagellaris (TÖRNQUIST 1892)

*1892 (*Monograptus flagellaris*) TÖRNQUIST 1892, S. 42, Taf. 3, Fig. 31—33.

v1931 (*Monograptus flagellaris*) HABERFELNER 1931a, S. 137, Taf. 2, Fig. 8a—d.

1943 (*Monograptus flagellaris*) HERITSCH 1943, S. 109, 111, 142, 144, 145.

Verbreitung: Hochwipfel N (Karnische Alpen).

Aufbewahrung: Univ. Graz, Geol. Pal. Inst.

Spirograptus intermedius (CARRUTHERS 1868)

*1868 (*Graptolithus intermedius*) CARRUTHERS 1868, S. 126, Taf. 5, Fig. 18.

1899 (*Monograptus elongatus*) TÖRNQUIST 1899, S. 17, Taf. 3, Fig. 12—18 (siehe PŘIBYL 1948b, S. 39).

v1931 (*Monograptus elongatus*) HABERFELNER 1931a, S. 147, Taf. 3,
Fig. 6 (1).
1943 (*Monograptus elongatus*) HERITSCH 1943, S. 110, 130.
1943 (*Monograptus intermedius*) HERITSCH 1943, S. 96, 97, 98,
132, 141, 142, 144; 114 (= Material KAHLER Hochwipfel S)
(2).

Verbreitung: (1) Hochwipfel N, (2) Hochwipfel S, (Uggwagraben, Casera Meledis, Ramàz) (Karnische Alpen).
Aufbewahrung: (1), ? (2) Univ. Graz, Geol. Pal. Inst.

Spirograptus involutus (LAPWORTH 1876)

*1876 (*Monograptus intermedius* var. *involutus*) LAPWORTH 1876,
S. 310, Taf. 10, Fig. 11.
vnon1943 (*Monograptus involutus*) HERITSCH 1943, S. 116, 132, 144
(Material KAHLER Hochwipfel S = *Spirograptus planus*
[BARRANDE] nach H. FLÜGEL, unpubl.).

Verbreitung: Hochwipfel S (Karnische Alpen).
Aufbewahrung: Univ. Graz, Geol. Pal. Inst.

Spirograptus planus (BARRANDE 1850)

*1850 (*Graptolithus proteus* var. *plana*) BARRANDE 1850, S. 59,
Taf. 4, Fig. 15.
1923 (*Monograptus planus*) GORTANI 1923, S. 18, Taf. 1, Fig. 35,
Abb. 10 (1).
1924 (*Monograptus planus*) GORTANI 1924a, S. 407 (= Exempl.
1923).
1925 (*Monograptus planus*) GORTANI 1925a, S. 174 (= Exempl.
1923).
?1925 (*Monograptus* cf. *planus*) GORTANI 1925a, S. 174, Fußn. 2 (2).
?1925 (*Monograptus* cfr. *planus*) GORTANI 1925b, S. 218 (= [2]).
v1931 (*Monograptus planus*) HABERFELNER 1931a, S. 144, Taf. 3,
Fig. 3a, b (3).
v1931 (*Monograptus planus* var. *alpha*) HABERFELNER 1931a,
S. 145, Taf. 3, Fig. 4a—d (siehe PŘIBYL 1944c, S. 34) (4).
v1934 (*Monograptus planus*) PELTZMANN 1934a, S. 209 (5).
v1936 (*Monograptus planus*) SEELMEIER 1936, S. 219 (6).
v?1936 (*Monograptus* cf. *planus*) SEELMEIER 1936, S. 221 (7).
1943 (*Monograptus planus*) HERITSCH 1943, S. 96, 97, 104, 105,
107, 108, 110, 112, 142, 144, 145, 146, 147; 116 (Material
KAHLER Hochwipfel S) (8).
v1943 (*Monograptus planus* var. *alpha* HABERFELNER) HERITSCH
1943, S. 110, 111.

Verbreitung: (3) (4) Hochwipfel N, (1) (8) Hochwipfel S, (6) (7) Gugel, (2) Gundersheimer Alm, (5) Dellacher Alm, (Üggwagraben, Casera Meledis) (Karnische Alpen).

Aufbewahrung: (1) Museo geologico di Bologna, (2) Museo geologico di Pisa (? Pavia), (3)—(8) Univ. Graz, Geol. Pal. Inst.

Spirograptus proteus (BARRANDE 1850)

*1850 (*Graptolithus Proteus*) BARRANDE 1850, S. 58, Taf. 4, Fig. 12 bis 14.

  1920 (*Monograptus Proteus*) GORTANI 1920, S. 48, Taf. 3, Fig. 37 (1).

  1923 (*Monograptus Proteus*) GORTANI 1923, S. 17, Taf. 1, Fig. 37 bis 40, Abb. 8—9 (2).

  1924 (*Monograptus Proteus*) GORTANI 1924a, S. 407 (= Exempl. 1923).

  1925 (*Monograptus Proteus*) GORTANI 1925a, S. 174, Fußn. 2 (3).

  1925 (*Monograptus Proteus*) GORTANI 1925b, S. 218 (= Exempl. 1925a).

v1931 (*Monograptus proteus*) HABERFELNER 1931a, S. 143, Taf. 3, Fig. 1a—b (4).

v1936 (*Monograptus proteus*) SEELMEIER 1936, S. 218, 219, 220, 221 (5).

  1943 (*Monograptus proteus*) HERITSCH 1943, S. 14, 93, 100, 107, 108, 109, 111, 112, 113, 130, 132, 142, 145; 116 (= Material KAHLER Hochwipfel S = *Spirograptus spiralis contortus* [PERNER] nach H. FLÜGEL, unpubl. [6]).

  1950 (*Monograptus [Spirograptus] proteus*) GORTANI 1950, S. 19 (= Exempl. 1920, 1923, 1925, 1931, 1936).

Verbreitung: (1) Nölblinggraben, (2), (6) Hochwipfel S, (3) Gundersheimer Alm, (4) Hochwipfel N, (5) Gugel, (Uggwagraben, Cristo di Timau) (Karnische Alpen).

Aufbewahrung: (1), (3) Museo geologico di Pisa ([3] ? Pavia), (2) Museo geologico di Bologna, (4)—(6) Univ. Graz, Geol. Pal. Inst.

Spirograptus spiralis spiralis (GEINITZ 1842)

*1842 (*Graptolithus spiralis*) GEINITZ 1842, S. 700, Taf. 10, Fig. 26 bis 27.

  1879 (*Monograptus spiralis* var. *subconicus*) TÖRNQUIST 1892, S. 455 (siehe PŘIBYL 1944c, S. 6; 1948b, S. 50).

  1923 (*Monograptus spiralis*) GORTANI 1923, S. 16, Taf. 1, Fig. 26, Abb. 6, 7 (1).

  1924 (*Monograptus spiralis*) GORTANI 1924a, S. 407 (= Exempl. 1923).

  1925 (*Monograptus spiralis*) GORTANI 1925a, S. 174, Fußn. 1, 2 (2).

1925 (*Monograptus spiralis*) GORTANI 1925b, S. 218 (= Exempl. 1925a, Fußn. 2).

v non 1931 (*Monograptus spiralis*) HABERFELNER 1931a, S. 142, Taf. 2 Fig. 14, a—c (= *Spirograptus planus* [BARRANDE] nach H. FLÜGEL, unpubl.) (3).

1932 (*Monograptus spiralis*) SEELMEIER 1932, S. 261 (= Exempl. 1925).

v1934 (*Monograptus spiralis*) PELTZMANN 1934a, S. 209 (4).

v1934 (*Monograptus subconicus*) PELTZMANN 1934a, S. 207, Taf. 1, Fig. 15 (5).

v1936 (*Monograptus spiralis*) SEELMEIER 1936, S. 218, 219, 220, 221 (6).

v1943 (*Monograptus subconicus*) HERITSCH 1943, S. 105, 106, 146, 147.

1943 (*Monograptus spiralis*) HERITSCH 1943, S. 104, 105, 106, 107, 108, 110, 112, 113, 114, 142, 145, 146; 116, 117 (= Material KAHLER Hochwipfel S: Nach H. FLÜGEL, unpubl. = *Spirograptus spiralis contortus* [PERNER], *Spirograptus conspectus* PŘIBYL, *Spirograptus planus* [BARRANDE]) (7).

1950 (*Monograptus spiralis*) GORTANI 1950, S. 27 (= Exempl. 1923, 1925, 1934).

v1950 (*Monograptus subconicus*) GORTANI 1950, S. 27 (= Exempl. 1934).

Verbreitung: (1),(7) Hochwipfel S, (2), (6) Gugel, (3) Hochwipfel N, (4), (5) Dellacher Alm, (2) Gundersheimer Alm (Fußn. 2) (Karnische Alpen).

Aufbewahrung: (1) Museo geologico di Bologna, (2) Museo geologico di Pisa (? Pavia), (3)—(7) Univ. Graz, Geol. Pal. Inst.

Spirograptus turriculatus turriculatus (BARRANDE 1850)

*1850 (*Graptolithus turriculatus*) BARRANDE 1850, S. 56, Taf. 4, Fig. 7—11.

1923 (*Monograptus turriculatus*) GORTANI 1923, S. 8, Taf. 1, Fig. 14—16 (1).

1924 (*Monograptus turriculatus*) GORTANI 1924a, S. 407 (= Exempl. 1923).

1924 (*Monograptus turriculatus*) GORTANI 1924b, S. 105 (= Exempl. 1923).

1925 (*Monograptus turriculatus*) GORTANI 1925a, S. 174, Fußn. 2 (2).

1925 (*Monograptus turriculatus*) GORTANI 1925b, S. 217 (= Exempl. 1925a).

v non 1931 (*Monograptus turriculatus*) HABERFELNER 1931a, S. 215, Taf. 1, Fig. 20 (= *Spirograptus turriculatus minor* [BOUČEK] nach H. FLÜGEL, unpubl.) (3).

v1932 (*Monograptus turriculatus*) SEELMEIER 1932, S. 261
(= Exempl. 1936).

v1936 (*Monograptus turriculatus*) SEELMEIER 1936, S. 218, 219,
220, 221 (4).

1943 (*Monograptus turriculatus*) HERITSCH 1943, S. 107, 108, 109,
112, 113, 131, 142, 144; 115, 117 (Material KAHLER Hochwipfel S) (5).

1950 (*Monograptus turriculatus*) GORTANI 1950, S. 26 (= Exempl.
1923, 1936).

Verbreitung: (1), (5) Hochwipfel S, (2) Gundersheimer Alm,
(3) Hochwipfel N, (4) Gugel (Karnische Alpen).

Aufbewahrung: (1) Museo geologico di Bologna, (2) Museo
geologico di Pisa (? Pavia), (3)—(5) Univ. Graz, Geol. Pal. Inst.

Spirograptus turriculatus minor (BOUČEK 1932)

*1932 (*Monograptus turriculatus* mut. *minor*) BOUČEK 1932b,
S. 155, Abb. 1c—d.

v1943 (*Monograptus turriculatus* var. *minor*) HERITSCH 1943,
S. 116, 132 (Material KAHLER Hochwipfel S).

Verbreitung: Hochwipfel S (und N: siehe *Sp. turriculatus
turriculatus*).

Aufbewahrung: Univ. Graz, Geol. Pal. Inst.

Spirograptus woodi (HABERFELNER 1931)

*1931 (*Monograptus woodi*) HABERFELNER 1931a, S. 144, Taf. 3,
Fig. 2a—b.

1943 (*Monograptus woodi*) HERITSCH 1943, S. 110, 111, 142.

1944 (*Spirograptus woodi*) PŘIBYL 1944c, S. 26.

Typus: Holotypus durch Monotypie ist das von HABERFELNER
1931a, Taf. 3, Fig. 2, abgebildete Exemplar, Stck. Nr. 4016/316,
Univ. Graz, Geol. Pal. Inst.

Locus typicus: Hochwipfel N, Karnische Alpen.

Stratum typicum: Zone des *Spirograptus turriculatus*
(Zone 22).

Verbreitung: Siehe Typus.

Bemerkungen: Das Original ist derzeit nicht auffindbar.

Subfam.: *Cyrtograptinae* BOUČEK 1933.

Genus: *Cyrtograptus* CARRUTHERS 1867.

Cyrtograptus carruthersi LAPWORTH 1876

*1876 (*Cyrtograptus Carruthersi*) LAPWORTH 1876, Taf. 10, Fig.
6a—c.

1925 (*Cyrtograptus Carruthersi*) GORTANI 1925a, S. 173 (1).

1926 (*Cyrtograptus Carruthersi*) GORTANI 1926, S. 15, Abb. 1 (2).

1936 (*Cyrtograptus caruthersi*) HAIDEN 1936, S. 135 (= Exempl.
1937).

1936 *(Cyrtograptus carruthersi)* HERITSCH 1936c, S. 222 (= Exempl. 1937).
1937 *(Cyrthograptus caruthersi)* PELTZMANN in FRIEDRICH & PELTZMANN 1937, S. 249. Abb. 5 (3).
1943 *(Cyrtograptus carruthersi)* HERITSCH 1943, S. 227 (= Exempl. 1937).
1943 *(Cyrtograptus* sp. (? *Cyrtograptus [Barrandeograptus] pulchellus* TULLBERG) HERITSCH 1943, S. 103, Fußn. 1, S. 152 (= Exempl. 1926).

Verbreitung: (1) Dellacher Alm, Gundersheimer Alm, (2) Dellacher Alm (Karnische Alpen), (3) Entachenalm b. Saalfelden.

Aufbewahrung: (1), (2) Museo geologico di Bologna, (3) ? Univ. Graz, Geol. Pal. Inst.

Cyrtograptus hamatus (BAILY 1861)

*1861 *(Graptolithes hamatus)* BAILY 1861, S. 305, Taf. 4, Fig. 6 A, B.
1943 *(Cyrtograptus hamatus)* HERITSCH 1943, S. 102, 164 (Material HABERFELNER).

Verbreitung: Bischofalm N (Karnische Alpen).
Aufbewahrung: ? Univ. Graz, Geol. Pal. Inst.

Cyrtograptus lundgreni TULLBERG 1883

*1883 *(Cyrtograptus Lundgreni)* TULLBERG 1883, S. 36, Taf. 3, Fig. 8—11.
?1934 *(Cyrtograptus* cf. *lundgreni)* PELTZMANN 1934a, S. 209 (1).
1936 *(Cyrtograptus Lundgreni)* HAIDEN 1936, S. 135 (= Exempl. 1937).
1936 *(Cyrtograptus lundgreni)* HERITSCH 1936c, S. 222 (= Exempl. 1937).
1937 *(Cyrtograptus lundgreni)* PELTZMANN in FRIEDRICH & PELTZMANN 1937, S. 249 (2).
1943 *(Cyrtograptus lundgreni)* HERITSCH 1943, S. 104, 227.

Verbreitung: (1) Dellacher Alm (Karnische Alpen), (2) Entachenalm b. Saalfelden.

Aufbewahrung: (1) ?, (2) ? Univ. Graz, Geol. Pal. Inst.

Cyrtograptus linnarssoni LAPWORTH 1880

*1880 *(Cyrtograptus Linnarssoni)* LAPWORTH 1880, S. 158, Taf. 4, Fig. 12a, b.
non 1943 *(Cyrtograptus linnarssoni)* HERITSCH 1943, S. 106, 153, 170.

Bemerkungen: Bei dem von HERITSCH 1943 von der Dellacher Alm (Karnische Alpen) angegebenen Exemplar handelt es sich um eine Fehlzitierung. Siehe *Monoclimacis linnarssoni* (TULLBERG 1883).

Cyrtograptus murchisoni murchisoni CARRUTHERS 1867

*1867 (*Cyrtograptus Murchisoni*) CARRUTHERS in MURCHISON 1867, S. 540, foss. 90, Fig. 1.
 1925 (*Cyrtograptus Murchisoni*) GORTANI 1925a, S. 173 (1).
 1926 (*Cyrtograptus Murchisoni*) GORTANI 1926, S. 14, Taf. 3, Fig. 1, 2 (= Exempl. 1925).
vnon1934 (*Cyrtograptus murchisoni*)PELTZMANN1934a, S.209(=*Cyrtograptus murchisoni bohemicus* BOUČEK 1931 nach H. FLÜGEL [unpubl.]) (2).
 1943 (*Cyrtograptus murchisoni*) HERITSCH 1943, S. 103, 104, 106, 151, 152.

Verbreitung: (1) (2) Dellacher Alm (Karnische Alpen).

Aufbewahrung: (1) Museo geologico di Bologna, (2) Univ. Graz, Geol. Pal. Inst.

Cyrtograptus nilssoni (BARRANDE 1850)

*1850 (*Graptolithus Nilssoni*) BARRANDE 1850, S. 51, Taf. 2, Fig. 16—18.
non 1876 (*Monograptus Nilssoni*) LAPWORTH 1876, S. 315, Taf. 10, Fig. 7a—c (= *Pristiograptus* [*Pristiograptus*] *nilssoni*, siehe PŘIBYL 1948b, S. 74).
 1920 (*Monograptus Nilssoni*) GORTANI 1920, S. 25, Taf. 2, Fig. 7, 8 (1).
 1925 (*Monograptus Nilssoni*) GORTANI 1925a, S. 173 (= Exempl. 1920).
 1930 (*Monograptus nilsoni*) GAERTNER 1930, S. 192 (2).
 1931 (*Monograptus nilsoni*) GAERTNER 1931, S. 131 (= Exempl. 1930).
 1936 (*Monograptus nilsoni*) HERITSCH 1936b, S. 503 (= Exempl. 1930).
 1936 (*Monograptus Nilsoni*) HAIDEN 1936, S. 135 (= Exempl. 1937).
 1937 (*Monograptus Nilssoni*) PELTZMANN in FRIEDRICH & PELTZMANN 1937, S. 248 (3).
 1943 (*Monograptus nilsoni*) HERITSCH 1943, S. 65, 98, 99, 164, 227, 228, 102 (= Material HABERFELNER Bischofalm N [4]).

Verbreitung: (1) Findenig, (2) Cellonetta, (4) Bischofalm N, (Ramàz, Rio del Muscli, Uggwagraben) (Karnische Alpen), (3) Entachenalm b. Saalfelden.

Aufbewahrung: (1) Museo geologico di Pisa, (2) Univ. Göttingen, Geol. Pal. Inst., ? (3), (4) Univ. Graz, Geol. Pal. Inst.

Cyrtograptus sp.

1943 (*Cyrtograptus* sp.) HERITSCH 1943, S. 98, 103/Fußnote 1.
Bemerkungen: Siehe *Cyrtograptus carruthersi* LAPWORTH.

Genus: *Barrandeograptus* BOUČEK 1933.
Barrandeograptus pulchellus (TULLBERG 1883)

*1883 (*Cyrtograptus pulchellus*) TULLBERG 1883, S. 36, Taf. 3, Fig. 12—13.
1943 (? *Cyrtograptus* [*Barrandeograptus*] *pulchellus*) HERITSCH 1943, S. 103, Fußnote 1.
1943 *(Cyrtograptus pulchellus)* HERITSCH 1943, S. 152(= Exempl. HERITSCH 1943, S. 103.)
Bemerkungen: Siehe *Cyrtograptus carruthersi* LAPWORTH.

Barrandeograptus pseudocarruthersi BOUČEK 1933

*1933 (*Cyrtograptus* [*Barrandeograptus*] *pseudocarruthersi*) BOUČEK 1933, S. 66, Abb. 15d, e.
v1936 (*Cyrtograptus* [*Barrandeograptus*] *pseudocarruthersi*) HABER-FELNER 1936a, S. 89.
v1936 (*Cyrtograptus* [*Barrandeograptus*] *pseudocarruthersi*) HABER-FELNER 1936b, S. 214 (=Exempl. 1936a).
v1943 (*Barrandeograptus pseudocarruthersi*) HERITSCH 1943, S. 102, 164.
Bemerkungen: Nach PŘIBYL 1948b, S. 37, ist obige Art ein Synonym von *Monograptus* (*Monograptus*) *crinitus crinitus* WOOD, siehe dort.

Genus: *Linograptus* FRECH 1897.
Linograptus posthumus (RICHTER 1875)

*1875 (*Dicranograptus posthumus*) RICHTER 1875, S. 267, Taf. 8, Fig. 2—3.
1963 (*Linograptus posthumus*) H. FLÜGEL in KAHLER & PREY 1963, S. 18.
Verbreitung: Tomritsch (Karnische Alpen).
Aufbewahrung: Geol. Bundesanst. Wien.